有良心的

寵物店長
想告訴你的
50個祕密

從醫療、飼養到送終，
寵物飼主應該學會的重要知識

Asia Pet Business International
執行長

梅國華———著

晨星出版

推薦序

　　本人深感榮幸，能受邀為本會監事、寵物界名師梅國華老師寫推薦序。

　　本書作者梅國華，是國內寵物界的名師，擁有英國碩士學歷。曾任中國生產力中心產業輔導顧問，開創寵物產業國際交流風氣。特別是引進日本先進寵物按摩、精油理療等，高端先進的觀念與技術，引領台灣寵物產業進入精緻產業之列。

　　梅老師不僅有學術基礎，更在實務上擔任國內知名寵物連鎖通路之顧問一職，協助該體系建立完整的企業經營架構與系統，充分結合學術並運用於實務，成為知名經營顧問與老師。除在台灣授課外，在中國大陸亦頗負盛名。

　　本書將多年來擔任顧問與經營通路之經驗與心得集結成冊編印成書，內容以問答方式再佐以祕辛結語，令人拍案叫絕。閱讀過本書後，真正感覺到作者不藏私的將對寵物「食、衣、住、行、育樂、照護、醫療」，在各個章節提出全方位叮嚀，不論是初次或已多次飼養寵物的飼主，本書絕對是一本非常實用的參考寶典，值得飼主細細品讀。

　　期待梅老師繼續出版最新力作以豐富寵物產業之知識寶庫。

中華民國寵物食品及用品公會理事長　高樹青

推薦序

　　甘地曾說過：「一個國家道德進步程度，可用他們對待動物的方式衡量」。越先進的國家越會注重寵物的福利，台灣已經朝向這個目標前進，這個願景需要飼主、寵物店、廠商及動物醫院各方來持續共同推動，不論是哪一個身分的人都應該研讀此書，唯有擁有專業且豐富的寵物飼養及衛教知識，才能越了解越充分掌握整體寵物市場的共生關係。

　　這是一本跳脫寵物商業模式思維的書籍，為了讓飼主、寵物行業、廠商之間的關係鏈結更加緊密與透明，娓娓道來許多寵物店沒能明說或公開的祕密，而這些祕密也關乎著台灣寵物產業的脈動與永續發展，國華寫這本書會是很好的飼主責任教育題材，也會讓寵物行業產生很好的提升與良性競爭。

　　為了讓寵物在醫食住行方面更加的安全與安心，本書的出版絕對會引起業界不小的騷動，但希望大家共同來省思如何能更重視寵物與人們的價值。

中華民國獸醫師公會全國聯合會理事長　陳培中

推薦序

　　回想與本人先生初投入寵物行業開設寵物百貨店時，當時的寵物飼料品牌種類，五個手指頭就數完了。歷經幾十年的演變與發展至今，消費者對於飼養寵物所關注的，已大大地不同於以往。在經營方面，除了不斷地思考怎樣才是對寵物最好的，同時也要考量到飼主的飼養心態與需求。

　　感謝本書作者梅國華先生從企管顧問業的領域投入寵物產業，初認識梅先生時，他當時任中國生產力中心寵物產業顧問，舉辦了第一次日本寵物行業深度學習之旅，也為當時的台灣寵物產業開創了許多創新元素的教育訓練，這是多年來至今我仍習慣稱呼他為梅顧問的主因。

　　我讀完本書時，讚嘆於本書的50個主題的設計，看似從飼主的角度提問，實為協助寵物行業經營者了解寵物消費者心中的期待。以深入淺出的方式，依醫療、飼養、消費、美容、生活等有別以往的分類方式做歸納，文中也貼心的結合最新的政府或動保法令。本書除了提供愛寵物的飼主各種疑問的中肯答案及不可忽視的正確飼養照護知識外，更是一本寵物行業人員值得收藏的工具書。

優里寵物健康SPA館加盟品牌創辦人 高淑惠

目 次 CONTENTS

Chapter 3　消費的祕密

Chapter 4　專業人員的祕密

Chapter 5 寵物生活與行為的祕密

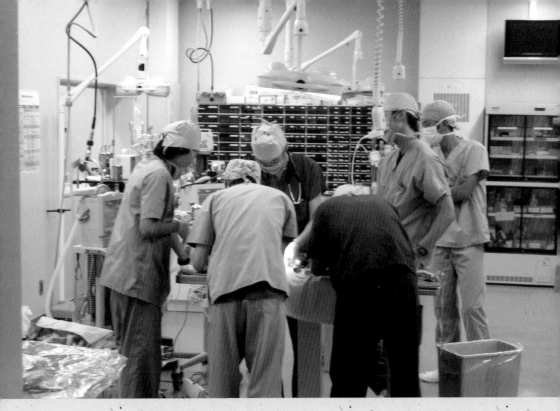

Chapter **1**

醫 療 的 祕 密

01

 寵物一定要結紮嗎？

　　寵物為什麼要結紮？結紮對寵物而言是好處多？還是會造成心理上的陰影？其實這個問題至今仍有相當大的爭議。

反對寵物結紮的族群論點

● 結紮後寵物會變肥變笨：

　　因為結紮後的寵物新陳代謝變慢，導致脂肪累積。也因為結紮後，寵物體內的賀爾蒙分泌會變得不正常，導致寵物變得比較懶惰、不敏感、對周邊事物的興趣也相對減少。

● 人類無權剝奪生物的生存權：

　　生物繁殖是與生俱來的本能與權利，人類憑什麼因為流浪貓狗而剝奪寵物的生育權利，寵物跟人類一樣，也希望在晚年時能有自己的子女陪伴著，享受天倫之樂。

● 結紮手術有一定的風險：

　　寵物結紮手術時會有麻醉的風險，如果麻醉劑量使用不當，將會造成寵物的健康危害，甚至有生命的危險。

　　但是結紮除了能有效絕育之外，還能夠改善寵物的行為問題：例如亂尿尿、突如其來的攻擊、間斷性的發情等等，因此好處遠比壞處多！

　　而雄性和雌性結紮的時間點不同，依獸醫師建議，通常雌性寵物在第一次發情前做好結紮，可降低乳腺瘤的發生，而雄性建議滿一歲後進行手術，可避免泌尿問題。

　　好的結紮手術可以延長寵物的壽命，也能避免晚年因為沒有結紮而出現的病症，例如子宮蓄膿、乳房腫瘤、圍肛腺腫瘤、陰道腫瘤、睪丸腫瘤、會陰疝氣等等，過得更快樂健康。因此為了您親愛的毛小孩著想，在適當的時間替他進行結紮，也是愛他的一種表現。

寵物店不會告訴您的祕密

　　根據動物保護法第四章22條：第一項業者以外之特定寵物飼主應為寵物絕育，但飼主向直轄市、縣（市）主管機關申報並提出繁殖管理說明後得免絕育，如有繁殖需求亦應申報，並在寵物出生後依第十九條規定，植入晶片，辦理寵物登記。

02

寵物一定要
植入晶片嗎？

　　根據動物保護法第四章19條規定：中央主管機關得指定公告應辦理登記之寵物。前項寵物之出生、取得、轉讓、遺失及死亡，飼主應向直轄市、縣（市）主管機關或其委託之民間機構、團體辦理登記；直轄市、縣（市）主管機關應給與登記寵物身分標識，並應植入晶片。

要選擇哪一種寵物晶片

　　早期剛開始推廣寵物晶片時，當時的寵物晶片有很多種，國內主要使用「十碼」，而國外通用「十五碼」，廠牌多，掃描器也沒有通用，造成飼主很大的困擾。目前政府已經開放並統一植入國際通用十五碼晶片，大多數的動物醫院也開始使用「多頻掃描器」，各種規格的晶片應該都可以掃得到。

掃描不到寵物晶片的情況

　　當然也是有一些情況可能會掃描不到晶片，例如晶片磨損、在寵物皮下移動、寵物毛太厚或是太躁動、掃描者技術不純熟等等。按照規定，一般晶片固定施打的位置是寵物肩胛骨中間，但也有發生在腿部掃到的例子。若確定有植入晶片，可以改請其他人嘗試掃描，或更換掃描器，並試著做大範圍的掃描。

植入晶片與狂犬病疫苗

在臺灣，植入晶片的同時大多也會安排狂犬病疫苗接種。行政院農業委員會於二〇一三年發現野生動物感染狂犬病毒，必須經過兩年的觀察期才能從疫區除名，遺憾的是直至二〇一七年尚有狂犬病病毒被檢出，因此政府單位大力推動狂犬病疫苗接種，期望能早日從疫區中除名。

不過由於貓咪在接種疫苗或注射後有機會形成纖維瘤，因此許多飼主都偏向不讓貓咪接種狂犬病疫苗與植入晶片。

在此可以給飼主一些建議，寵物在法律上的身分為「物品」，當今天心愛的寵物被偷抱走或強佔時，法律首先會以晶片證明來判斷歸屬。而且雖然現在大多還是以勸導的方式請飼主帶寵物去植入晶片與注射狂犬病疫苗，事實上，若是遭人檢舉未注射疫苗或植入晶片，依照動保法是可開罰的。

建議飼主們可以主動跟獸醫師討論注射計畫，避開重複注射的位置、採用無佐劑疫苗，都能將貓咪纖維瘤的風險降到最低。

寵物店不會告訴您的祕密

在購買寵物時應向該寵物店詢問寵物是否有植入晶片，並要求提供該寵物的晶片。晶片植入費用僅需兩百五十元，依照臺北市動物保護自治條例，寵物未植入晶片及辦理登記，可對飼主開罰一萬至五萬元。

臺北市動物保護處二〇一六年七月新制上路時，已開出全國第一張罰單，依「臺北市動物保護自治條例」開罰一萬元，提醒飼主切勿因小失大喔。

03

養寵物的居家空間如何消毒？

家裡有養寵物的飼主，知道該如何有效的清潔消毒居家空間嗎？讓我們來仔細地了解這些生活小幫手的功效吧！

寵物清潔劑的差異比較

1. **次氯酸**：次氯酸水抗菌液的pH值介於4.5～5.0，有效氯濃度50～200ppm，正確的稀釋之後，次氯酸對人體不會產生危害也不易殘留。不僅可去除狗貓尿味，也有抗菌功效。

2. **漂白水**：一般常用的漂白水pH值達9以上，有效氯濃度高達5萬ppm。漂白水的刺激性、腐蝕性對人體的黏膜和皮膚及呼吸道具有危害，須小心使用。

3. **酒精**：在醫療上所用的消毒酒精是75％的酒精，純酒精反而不能殺菌。75％的酒精只針對一般細菌及有外套膜的病毒有效，無法消滅「細菌孢子」及「親水性病毒」（例如腸病毒），消毒力也不夠強大。

4. **小蘇打**：小蘇打粉也是居家常見的清潔妙方，不僅能除臭、去垢、還有吸溼的功用。家中若是有寵物隨地亂尿尿的情況，可灑上小蘇打粉後再用小蘇打水噴一噴，最後以乾抹布擦拭，很快就能達到淨味又

去尿垢的功效囉。

家用清潔劑使用建議

　　若是使用一般家用清潔劑幫居家空間消毒，會建議在清潔完後，再用清水擦拭一遍。因為寵物一般都有舔舐身體的行為，可能在無意間經由舔舐腳底、體毛的過程中，將地板或家具上殘留的清潔劑吃進肚子裡。如果家中有塵蟎、跳蚤等困擾，必須用到殺蟲劑或水煙式殺蟲劑時，請務必將毛小孩帶離，並在事後確實用清水將所有家具、地板都擦拭過。

　　平常可以勤用吸塵器清理毛小孩的生活空間，也可以善加利用天然的消毒法，「陽光」曝曬毛小孩的床墊等物品，能有效減少黴菌、寄生蟲滋生喔！

寵物店不會告訴您的祕密

　　漂白水的刺激性、腐蝕性則對人體的黏膜、皮膚及呼吸道具有危害性，而寵物的黏膜、皮膚及呼吸道又比人類更脆弱敏感，須更謹慎使用。

　　建議在使用前，一定要讓毛小孩遠離，並在事後確實用清水清洗。其他各種有刺激味道的清潔用品在使用上也要多加留意。

04

寵物適合鮮食嗎？
吃生肉可以嗎？

在現代繁忙的工商社會中，飼料是方便餵食的好選擇，鮮食及生食在保存上反而較不方便，所以許多獸醫師建議可以讓寵物吃飼料和生食並行，因為單純吃飼料無法攝取到生肉裡較為完善的氨基酸、電解質及礦物質。

改吃生肉鮮食後的改變

為了讓寵物營養均衡，假日時飼主不妨試著親自下廚為寵物準備生肉或是鮮食，幫助他們獲得均衡的營養飲食，您會從寵物的便便開始看到改變。

單純吃飼料的寵物，因為飼料中無法吸收的植物性蛋白成分會被排出來，所以便便量較多較大；常吃鮮食，便便則相對較少較小，也不容易發胖，反而肌肉線條會更加結實、毛色也會充滿光澤。無法咀嚼或是高齡的寵物則可以絞肉或是燙過的雞胸肉來代替。

國外的大骨狗狗零食，能讓狗狗又咬又啃，除了滿足狗狗的慾望，也能打發時間。

不同生肉的營養成分

均衡的補給才是維持健康的王道。

	水 (g)	蛋白質 (g)	膽固醇 (mg)	脂肪 (g)	熱量 (kJ)
鹿肉	66.7	28.1	63	4	625
羊肉（瘦）	64	27	87	7.9	755
豬肉	60.7	28.7	86	9.6	841
牛肉（肥）	67	27.9	74	2.7	636
馬肉	65,3	29.8	65	3.5	645
兔肉（整隻）	63.3	26.9	87	8.9	785
雞肉（胸脯）	74.6	23.6	66	0.7	427

寵物店不會告訴您的祕密

　　可以餵寵物吃多樣化的肌肉部位，如牛肉、羊肉、雞肉、豬肉等等，以絞肉或是切塊方式餵食，攝取不同的蛋白質。帶骨的部分如雞脖子、雞背部、雞腿、豬肋排等也很適合，但須注意哽到或阻塞消化道的風險。內臟中的肝臟及腎臟富含高營養價值，可幫助強健肌肉。海鮮類、肉類和奶蛋類，尤其是心臟富含牛磺酸，是貓咪特別需要補充的營養。但生食未煮熟可能會有寄生蟲的疑慮，請飼主注意。

05

寵物有哪些狀況
會產生先天性的
疾病或基因缺陷？

寵物先天性的疾病通常來自沒有結合優生觀念的不當繁殖，所謂優生，即選擇身體健康，沒有遺傳疾病的個體做為種源，提高健康的下一代的繁殖率。

米克斯一定比有品種的犬貓健康嗎？

很多人都會有一個想法是，米克斯一定會比品種犬貓健康，事實上是不一定的。米克斯就是混種的犬貓，混血不一定只會留下優秀的基因，同時也有可能遺傳到不好的基因，這是機率的問題。只要有優生學的配種概念，品種犬貓的健康度不見得一定輸米克斯。

合法犬舍避免基因問題的方法

合法經營的犬舍會特別去其他國家，如美國或日本購買相同品種且血統純正的狗狗來繁殖。經常參加犬展或比賽的犬舍或繁殖者，甚至會向海外的犬舍購買得獎冠軍犬的下一代，讓優良的血統能在臺灣延續。

因為購買優秀的種公或種母成本相當昂貴，並非所有的繁殖業者都能負荷如此高昂的成本來優生自家的狗狗，於是在精省成本的考量下，有些不良的繁殖業者會選擇留下較為健壯的狗狗做為種公或種母，於是在近親繁殖下，某些先天的疾病就這樣一代傳一代了。

常見的犬種基因問題

　　農委會資料顯示，有些狗狗容易有先天性的疾病狀況：例如有些拉不拉多有先天性的髖關節發育不良問題，尤其到了成犬之後體重增加，髖關節無法負荷就會有不良於行的狀況；有些法國鬥牛犬常見呼吸道的問題；茶杯貴賓雖然體型小巧可愛，卻不容易照顧也不長壽；有些沙皮狗常見皮膚上的疾病；還有臘腸狗常見脊椎方面的問題等等。

寵物店不會告訴您的祕密

　　還是強調，若是真的想要狗狗，一定要有一分錢一分貨的觀念，優秀的犬舍非常愛惜自己的羽毛，對於自家繁殖的犬種非常有自信，投入照顧飼育的空間、時間、人力、飲食與心思都是成本，絕對不會有便宜又大碗的好康。因此飼主在購買前一定要確認該寵物店或繁殖者是否有政府所核發的特定寵物業許可證，只有經政府核可及評鑑的店家才可以放心。

　　若很遺憾，當您飼養一段時間後才發現狗狗有先天性的疾病，一定要做到不離不棄，終養不棄養，這是飼主必須負起的責任與義務，這段不完美的生命出現在您的生命中，或許就是一種完美。若是沒有這種覺悟或能力，飼養寵物前請務必三思。

06

寵物往生後
應該怎麼辦？

寵物往生的處理隨著時代的改變而有不同。到了今日，寵物的的地位已形同家人，因此為寵物安排後事也愈來愈講究。

從寵物入殮化妝、寵物棺木、寵物骨灰罈、寵物紙紮、告別式、火化、靈骨塔和墓地等喪葬用品與日俱增，如何妥善地安排狗狗的後事，也是一項飼主要提早了解的功課，讓您在面對寵物的離去，悲傷之際能夠平靜地陪他走完最後一程。

寵物往生後大體的處置

往生後先不要任意移動寵物的大體，可以找個箱子鋪上薄被或衛生紙為底，再將寵物安置在箱子內，防止其他寵物來毀損大體，再聯絡殯葬業者前來處理。

不要幫寵物大體洗澡，殯葬業者接走遺體後會先放至冰庫，這樣才能保持遺體完整。

不要層層包裹大體，避免火化時產生骯髒的沾黏物。

可以請動物醫院代為處理，這也是最為方便、

寵物的喪葬用品，包含骨灰罈與祭拜套組。

簡單的方式，動物醫院會收取火化及相關手續費用。或是自行送往公私立寵物火化場，可詢問當地動保處、家畜衛生檢驗所、疾病檢驗所或者向附近的動物醫院詢問聯絡電話及位置。

火化的方式

　　團體火化：大體由業者帶走後會先暫時冰存放至冰庫，待選定日期後火化，火化後的骨灰將全數植葬、海葬或土葬。

　　個別火化：須預約火化時間，飼主可陪同誦經與告別式，火化撿骨裝罐後可選擇放至塔位、海葬或植葬。

國外的寵物墓園，乾淨且清潔，讓飼主可以隨時過來懷念離開的寵物。

寵物店不會告訴您的祕密

　　一般而言，寵物的屍體運送、冷藏和火化，並不逐項計費，而是總包括在「火化費」中。而寵物的火化費用，則依寵物的大小（輕重）計價，並有集體火化和個別火化的不同。而火化後的骨灰，得自行取回，或交由寵物殯葬公司統一辦理自然葬或存放納骨塔內。

寵物喪葬用品價格	紙製棺木約　3,000元 骨灰罈約　1,500～15,000元 紙紮約　1,000～5,000元
寵物遺體清潔 入殮化妝價格	10公斤以下　1,000元 11～20公斤　1,500元 21～30公斤　2,000元 超過30公斤　2,500元
寵物火化參考價格	集體火化 10公斤以下　1,500元 11～20公斤　2,500元 21～30公斤　3,500元 超過30公斤　每1公斤加100元
	個別火化 5公斤以下　3,500元 6～10公斤　4,500元 11～20公斤　5,500元 超過20公斤　每1公斤加100元
寵物納骨塔位參考價格表	正面塔位、中層塔位　15,000～30,000 側面塔位、上下層塔位　10,000～20,000

※ 每間業者服務內容與定價不盡相同，本表格僅提供參考。

Chapter 2
飼　養　的　祕　密

07

您適合養寵物嗎？
飼養前自我評估！

在您下定決心要養寵物之前，是否有認真的思考過自己適不適合呢？養寵物可不僅僅是一時的可愛、不忍心、意亂情迷造成的衝動，而是長達十年以上的共同生活與照顧。

為了避免寵物為日常生活帶來些許困擾，或是日後因不適應而產生的問題，飼養寵物前請自我檢視以下條件，一定要在條件都符合的情況下飼養，才是一件對彼此都幸福的事。

□ 您有時間照顧嗎？
照顧寵物不是只有陪他玩，舉凡日常吃喝拉撒、清洗梳毛、疾病就醫、行為教導、散步運動等等都是最基本的照顧模式。

□ 您有經濟基礎嗎？
養寵物的花費除了飼料、尿布、貓砂、打疫苗、驅蟲、晶片植入、生病醫療，還包括了每星期的洗澡美容、零食點心、衣服項圈配備、玩具等等，花費金額只會因為寵物成長而累加，尤其到了高齡後的寵物醫療照護等花費更是昂貴，因此請您仔細評估自我的經濟狀況是否可以支持養活另一個新生命。

□ 是小孩喜歡寵物還是您喜歡？
孩子在成長的過程中總會需要玩伴，但飼養寵物之前，請父母親先

仔細考慮是為了孩子的一時興起呢？還是您有信心，在繁忙的工作、繁瑣的家事及照顧孩子的生活起居之外，仍有餘力陪同孩子一起學習照顧寵物？如果孩子不幫您照顧寵物時，您還會持續飼養他嗎？如果您無法確定就別輕易答應孩子的要求，一旦開始飼養寵物就要真心愛他，不離不棄。

☐ 您經常搬家或常不在家嗎？

如果您的職業或是生活模式必須經常出差或是到處搬家的話，不只會造成寵物心理的不安定與孤獨感，也會對寵物造成緊迫和壓力，進而產生健康問題。寵物也容易因此患有分離焦慮症。

☐ 您居住的處所可以養寵物嗎？

飼養寵物前應該先設想居住的地方適不適合。如果您是住大樓或是套房，因為坪數小可能就不適合養大型犬，以及該大樓大廈管理約定，不能飼養寵物的社區也不可貿然飼養，必須先從了解寵物的居住生活習性來考量適合自己的寵物，才不會造成自己及鄰居的困擾。

☐ 家人同意且支持嗎？

如果是與家人或是朋友一同居住的您，在飼養前需先告知他們養寵物後家中會出現異味、家具物品會被亂咬、換毛季節可能會出現掉毛問題等，另外，家人或朋友是否有呼吸道過敏體質？未婚者也須把交往對象、未來公婆的態度列為重要的考慮項目，畢竟飼養對寵物來說是一輩子的事，排除所有狀況後才可以安心飼養寵物。

寵物店不會告訴您的祕密

　　您真的做好萬全的準備了嗎？寵物店為了要做您的生意，他們不會幫您考慮這些問題，因此在飼養寵物之前請您一定要先了解有關的飼育知識及必須付出的時間和金錢，好好地評估過後再來決定，一旦決定了就必須要做到不離不棄喔。

種類	狗	貓	兔	倉鼠	貂	蜜袋鼯	烏龜	鳥
飼養難易度	中等	中等	難	易	難	中等	難	中等
平均壽命	大型犬約7至12歲 小型犬約10至15歲	家貓約10至15歲 街貓約2歲	約6至12歲	約2至3歲	約6至10歲	約10至15歲	水龜約10至20歲 陸龜約30歲以上	小型約10至20歲 大型約30歲以上
飲食習慣	雜食偏肉食	肉食	草食	雜食偏堅果	肉食	雜食	雜食	雜食
生活習性	平易近人	獨立，個性難捉摸	獨立空間飼養	獨居	群居野性強	群居野性強	獨立空間飼養	不一定
注意事項	宜從小培養社會化	需注意不愛喝水，會影響到健康	需要喝水並以牧草為主食	群居時容易相殘	有體味，母貂建議結紮	地域性強，飲食要均衡	陸龜需要日光浴，幫助吸收鈣質	需注意叫聲是否會擾民

08

挑選寵物時
應該注意哪些事項？

　　想要挑選健康的寵物陪伴一輩子，可以從以下幾項健康的因子來進行判斷：

健康寵物應有的表現

☐ 兩眼有神　　　　　☐ 身體靈活　　　　　☐ 步伐穩健

☐ 聽覺靈敏　　　　　☐ 足墊微溼柔軟　　　☐ 肌肉勻稱

☐ 尾巴搖擺有力　　　☐ 鼻部溼潤涼感　　　☐ 毛色光澤

☐ 沒有禿毛、掉毛　　☐ 眼睛無血絲　　　　☐ 腹部平坦健壯

☐ 無皮膚病徵兆　　　☐ 無下痢或是腹瀉徵兆　☐ 肛門無紅腫或潰爛

NG 的寵物徵狀

1. 行動不便、跛行、容易摔倒、發抖、狂吠等或對移動物體的變化毫無反應，都不是健康的毛孩子應有的表現。

2. 耳朵有異味、紅腫、出血，或者有不明的深色附著物，可能有受傷或寄生蟲。

3. 口腔有異味、牙齦蒼白或牙齒缺損，可能是牙齦病變、營養不良或是貧血等狀況。

4. 鼻頭乾燥、龜裂，或者有黏性液體流出，可能是發燒、呼吸系統疾病、流行性感冒或犬瘟熱的徵狀。

5. 眼皮內側如果充滿血絲，可能有傳染病的徵兆；眼白呈現米黃色可能有肝臟問題；眼白過度蒼白可能有貧血；眼球外層混濁或白斑有可能角膜炎；眼屎過多更要注意，可能有犬瘟熱或傳染性肝炎。此外，鬆獅犬容易出現睫毛倒插或眼瞼外翻的情況，也要注意。

6. 健康的毛孩子皮膚為淡粉色，毛根處如果有肉眼可見的黑點，可能有跳蚤等寄生蟲的感染。嘴巴周圍、脖頸處、腹部、四肢腋下、肛門附近的皮膚，如果有大量的片狀或塊狀的皮屑或結痂產生，則可能是真菌或蟎蟲感染的特徵。

7. 如果糞便呈現泥狀、甚至水狀，且顏色為不正常的紅色、灰白色或黑色，則可能罹患腸內寄生蟲、病毒性傳染病或消化道疾病等。

8. 健康毛孩的肛門應該乾淨，皮膚不紅腫，肛門附近如果有黃色痕跡，可能有拉稀的現象。

9. 觀察腹部是否有明顯的球狀凸起物，若有則可能患有肚臍疝氣。

寵物店不會告訴您的祕密

購買寵物時可以到管理良善、乾淨衛生並有品牌的寵物店挑選較為安心。

首先可以先觀察寵物在籠內的活力反應狀況，如果看對眼有感應了，再請服務人員抱出來檢查身體特徵。接觸寵物前建議先做手部清潔消毒，避免交叉感染。

如果決定了要陪伴一輩子的毛小孩後，別忘了先幫他找到一位貼心可靠的獸醫師，請獸醫師做仔細的身體檢查，並安排驅蟲及施打疫苗。

09

寵物店的小狗小貓是怎麼來的？

很多人不理解，為什同樣品種的毛小孩，價格會差麼多，在某家寵物店買的就很便宜，賣貴的店家是不是把飼主當「盤子」欺騙呢？可是大家有沒有想過，便宜背後的祕密呢？讓我們以狗狗作為例子，從養狗的成本，配種的費用、飼養場所、狗爸媽的飲食營養、健康免疫及小狗出生後的照護情況等來分析吧！

劣質繁殖場與優質犬舍

某些繁殖場的血統配種規劃不明，種公種母都關在籠子裡，難得放出來活動，食物也都只為吃飽，談不上營養。搭配催情藥，一年可以生兩至三胎，種母終生的工作就是配種、懷孕、餵奶，直到沒有生產力為止，這樣的繁殖場所生出來的狗狗健康狀況都不好，飼養成本低當然賣價便宜。

優質的繁殖犬舍，非常重視種公與種母的飲食與營養，專業的營運場地與飼育照護的人力成本都相當高，種母最多兩年生三胎。為了種母的健康，通常生育到五歲後也就不讓他生了，結紮後終養一生，這都是為了維護品質與信譽所投入的成本，品質好、血統佳、幼犬健康，售價當然不可能便宜。

認明冠軍犬的後代就沒問題嗎？

　　坦白說，冠軍犬的下一代通常不會差到哪裡，父母天生下來的基因優秀穩定又漂亮，生的小狗不用太費心的飼養也會很優秀。但也是有機會生出體質不好、健康狀況不佳的狗狗，就算您每餐給他吃最貴的飼料，天天吃營養品，改善也有限。這是優生學中的基因遺傳，也是自然界殘酷的事實。

寵物店不會告訴您的祕密

　　請您想想看，養一隻狗，飼料一個月就要上千元，寵物美容一個月也要上千元，固定的疫苗與醫療費用，再加上零食、營養品與玩具等開銷，一個月得要花幾千塊錢，另外還要時常帶他出去散步，跟他遊戲，還要訓練與教育。您真的有辦法花費這些時間與金錢，照顧好狗狗，共同度過十數年的光陰嗎？

　　時常看到有人在領養社團要求免費領養品種幼犬，這種心態很不可取。

　　便宜得到的狗狗，基本上不會有施打疫苗、除蚤等健康保證，更別說飼養到血統純正的品種幼犬。近年來鼓勵認養風氣盛行，建議優先考慮到收容所救援認養可能被安樂死的品種高齡犬或缺陷犬。

　　若真的要購買寵物，請務必選擇合格的寵物店或是有特定寵物業許可證的繁殖者，至少在政府監督把關下，都有保護動物福利的飼養場所與專業人員，購買過程也有政府所提出的買賣制式契約書保障，千萬不要貪圖便宜購買來路不明的狗狗。

　　一分錢一分貨，便宜一定沒好貨，絕對不要一開始就有貪便宜的心態，不然後面帶狗狗看病花的錢更可怕，耗時費力不只會令人心力交瘁，若是狗狗不幸早夭，還會讓您心中產生陰影，從此不敢再養狗。

10

什麼是寵物生產履歷？

　　凡要從事寵物繁殖、買賣、寄養的業者，都得向當地政府申請特定寵物業許可證才能執行繁殖、買賣、寄養及住宿等業務。

寵物生產履歷的紀錄項目

　　特定寵物業管理辦法第11條規定，寵物買賣交易時，寵物繁殖或買賣業者應備有登載寵物相關資訊（寵物生產履歷）之下列文件，並提供予購買者：

1. 寵物之類別、品種、性別、出生日期、外觀顏色、特徵以及絕育情形。
2. 寵物之晶片號碼。
3. 來源業者之寵物業許可證字號。

　　前項所定資訊文件，應懸掛於該寵物展示籠外供閱覽，使消費者在選擇時可以充分了解該寵物的相關資訊。

　　另外特定寵物業管理辦法第13條規定，經營寵物繁殖之業者，須詳實記錄其所飼養種畜之配種、繁殖紀錄，並應至少保存三年。

　　在美國及日本，已採用更嚴謹的生產履歷登錄方式，將狗爸爸及狗媽媽的飼育及懷孕過程的飲食用藥等相關資料也記錄下來，確保幼犬的出生來源是安全健康的，再加上三代的DNA血緣認定，保障購買的狗狗從繁殖端到通路端，都是在高品質的管理下所產出的優良寶寶。而且日本不光是狗貓有提供生產履歷，連鳥類的販售也有提供。

寵物店不會告訴您的祕密

　　飼主購買寵物時，請務必選擇有口碑、有品牌、有規模的寵物店或犬舍購買，因為合格的寵物店一定得在政府機關的監督下申請特定寵物業許可證才能執行買賣、寄養及住宿等業務。

　　如果是跟網路看到的私人繁殖者購買，首先已經觸犯動保法規範，可處新臺幣十萬元以上三百萬元以下罰鍰，繁殖買賣之寵物沒入。其次在基因上沒有保障，無法知道是否有近親繁殖的狀況，若發生糾紛，很難得到賠償。

　　政府每年也會執行一次特定寵物業的評鑑評比，評鑑時會協同主管機關專任動物保護檢查員並邀請動物保護團體、業者代表、學者專家及社會公正人士共同參與。評鑑時針對場域設施、寵物照顧管理情形、寵物繁殖或買賣紀錄、買賣資訊文件、寵物晶片使用情形、寵物業許可證懸掛、消費者權益保障情形及配合動物保護工作情形等方面進行綜合評鑑，評鑑成績區分為優等、甲等、乙等及丙等四個等級，經評鑑為丙等之寵物業，將責成三個月內進行改善。

11

認養好？
還是購買比較好？

　　當飼主決定要養寵物之後，很自然會開始思考是否該領養？還是到寵物店購買？到底動保團體呼籲的以領養代替購買是否正確？這是一個很令人掙扎、眾人迴避的議題，說不好或許會兩面都不討好，但我還是選擇說出我的觀點。

問題最終還是在飼養者

　　其實問題最終還是要回推到飼養的人，只要飼主們捫心自問是否會愛寵物一輩子，不離不棄，絕對不會成為目前流浪狗眾多的幫兇之一，不論哪種管道都沒有絕對的對與錯。

　　但針對飼養寵物，歐美及日本的作法則是非常嚴謹，會要求飼養前與飼主面試，藉此了解飼主的工作、生活形態、家人、朋友狀況來判定，這個人是否能成為一位優秀的飼主。就是這樣從源頭把關的動作，這些國家流浪狗的數量與臺灣相較起來確

日本狗狗在被新飼主帶回家前，必須先上課了解狗狗到新家的第一個星期要怎麼教育，未來才不容易養成問題行為。

實少之又少。

　　然而好的飼養行為與飼養知識的養成，關乎一隻寵物一輩子的幸福，如果政府與民眾都重視，才能有效的根除流浪動物的問題。只要是健康的寵物，無論是認養或是購買，都會是一段難得的緣分。

寵物店不會告訴您的祕密

　　流浪動物問題，大多數人都會怪罪到棄養、無良繁殖廠商上，但是事實上，流浪動物的來源也有很大一部分是來自寵物走失。

　　只要到各大網路平台或協尋社團觀察，幾乎每天都有寵物走失的佈告。假如一天走失一隻好了，一年就多了三百六十五隻寵物在外面流浪，長期下來，數量也非常可觀。

　　因此為了家中的愛犬與愛貓好，出門時門窗請務必關牢上鎖，晶片植入的作業不能少，外出牽繩不離手，外出籠也請選用堅固不易脫逃的品項，減少寵物走失的機會。

日本專門協助飼主找尋遺失寵物的偵探公司。

12

領養寵物有什麼好處？

近年來很多飼主透過領養的方式，找到心愛的毛小孩，對於不是一定非得要純正血統品種狗的飼主來說，領養是值得考慮的善舉。

日本狗狗被認養後，安排認養的機構會追蹤並提供狗狗的狀況給更多有心想認養的飼主參考。

領養的好處

1. 可供挑選的狗狗更多樣：

大多數動物收容中心可供認養的寵物，無論是年齡、性格、健康、親人性、社會化等都已經通過篩選，這點值得想養寵物的家庭考慮。

2. 領養的狗狗健康有保障：

狗狗在接受領養前，都會先經過體檢、疫苗、驅蟲等步驟，如果狗狗有健康的問題，也都會先進行治療待康復之後才會供人領養，因此不用擔心狗狗有健康問題。

3. 節省購買、健檢、疫苗、驅蟲等方面的費用

動物收容中心待領養的狗狗通常都是免費的，且大多都已經結紮，因此飼主領養時可以省去這些費用，將資金投入在日常生活中。

4. 增加動物收容中心的收容空間

　　因為動物收容中心的收容空間有限，因此當您領養走一隻狗狗，也就意味著將有更多的空間收容流浪的動物，也增加更多流浪動物被領養的機會了。

5. 享受各合作機構給予的優惠

　　許多動物醫院或寵物店也都支持領養的活動，於是在未來的就醫方面到指定的動物醫院，或是到合作的寵物店購買日常用品，都可以享受優惠折扣。

日本狗狗在被認養前的狀況都會有紀錄，方便認養者早日熟悉狗狗的狀態。

寵物店不會告訴您的祕密

　　無論是領養還是購買，只要決定飼養，就一定要不離不棄。

　　寵物的壽命至少有十幾年，就跟養小孩一樣，要每天照顧他的生活起居，把屎把尿，他們會有情緒、會肚子餓、會生病，還要忍受他們的壞毛病。千萬不要因為一時興起，就把寵物帶回家，一定要有能肩負起照顧他一輩子的責任的覺悟，才能考慮飼養喔！

13

買寵物怎樣才有保障？

　　早年飼主於寵物店購賣寵物時經常發生消費糾紛，其中大多是有關健康、品種與退還金額等問題居多，到底怎麼樣才對飼主有保障呢？

購賣寵物的法規依據

　　農委會於民國九十三年起，開始推動實施寵物買賣定型化契約。

　　飼主於寵物店購買寵物時可以要求與寵物店簽立寵物買賣契約書，契約書中清楚載明所買的寵物種類、品種、性別、出生日期與買賣價金等資訊，同時也提供一定期間內如經合格動物醫院診斷出健康上的問題，可退還金額或選換另一寵物替代的保障，無論是連鎖寵物店或具有知名度或規模較大的寵物店，大多都會主動提出雙方簽定寵物買賣定型化契約，一來讓消費者放心購買，二來也能保障雙方的權益。

發生爭議的處理建議

　　如果真的產生爭議時，飼主可以依照消費者保護法向企業經營者、消費者保護團體提出申訴，或向直轄市或縣 （市） 消費爭議調解委員會申請調解，只要是可歸責於寵物店的爭議，大多的寵物店還是會為了維護長久經營的品牌價值與飼主達成合理的協議。

寵物店不會告訴您的祕密

　　因為寵物活體不是工業製造品，不可能統一規格或保證一定的健康品質狀態，除非是相當明顯的先天性遺傳疾病。

　　因為可能產生疾病的變數實在太多了，有時候寵物帶回家後生病了，可能是在寵物店的環境衛生不良所潛伏的疾病，也有可能是飼主自家的環境衛生不佳所感染的疾病，亦或是飼主在還未學習如何妥善照顧幼小寵物時所造成的問題。

　　建議飼主還是選擇有口碑的寵物店或是犬舍選購您所喜歡的寵物，別忘了一分錢一分貨是千古不變的道理，千萬不能期望便宜會有好貨這件事。

14

寵物到底需不需要
補充營養品？

大多數人每天都會吃營養保健品，那寵物是否也需要適時的補充營養食品呢？

這個問題有許多專家學者不予置評，因為目前還沒足夠的證據顯示寵物需要吃營養保健品來保養身體，但是我們還是要針對各大營養保健品進行建議，至於需不需要幫毛孩子補充營養，就請各位飼主好好參考與思考後再決定。

常見補充營養品

● 葡萄糖胺

葡萄糖胺搭配軟骨素（Chondroitin）、有機硫（MSM）等營養素，大多數的飼主與獸醫師相信葡萄糖胺能有效治療退化性關節炎。

● 魚油

人類服用魚油通常是為了預防動脈硬化跟心血管疾病，但狗和貓跟人不大一樣，較少發生動脈硬化跟心血管疾病，因此，魚油大多用來改善寵物的皮膚問題。

● 益生菌

益生菌對人類來說有幫助腸道蠕動的功效，但對於寵物而言，少數的研究指出部分益生菌產品對狗的急性自發性腹瀉有用。

● 綜合維他命

如果飼主習慣性的購買罐頭或乾糧飼養寵物，其實一般優質的寵物飼料，營養成分的配方大多已經十分均衡了。

● 奶薊草

奶薊草和葡萄糖胺一樣是經常被推薦和使用的產品，聽說奶薊草用在寵物身上有保護肝臟的作用。但實際在寵物臨床上出現較正面的研究成果並不多。

● 消化酶 （Digestive Enzymes）

健康寵物體內擁有消化食物所需的消化酶，目前還沒有強而有力的寵物臨床研究證明，食物中缺乏消化酶會導致營養不均或任何疾病。

日本琳瑯滿目的寵物健康保養品。

● **輔酶 Q10**

輔酶Q10在人體上的推薦用途為心血管疾病、糖尿病及被用作增強免疫系統,但在寵物身上輔酶Q10還沒有可靠的臨床實驗證明具有上述功效。

寵物店不會告訴您的祕密

市面上的寵物營養保健補給品種類很多,包含了各式維他命、礦物質、中藥草等,標榜維持健康、增強免疫力或延緩老化的功能。但要特別注意,有些營養保健補給品僅有行銷宣傳手法,沒有真實的科學證據,在無法確定使用這些產品前,建議還是先與獸醫師討論後再行挑選有嚴格品管控制、法規規範、和品牌的產品。

15

寵物飼主一年四季都必做的功課！

養寵物是一輩子的事，所以一定會跟寵物一起度過無數個寒暑，針對不同的季節有不同的照顧重點需要注意，讓我分享給大家。

春天必做的功課

寵物在春天是發情期間，母狗會到處招蜂引蝶，一不留神可能就懷孕回家了。公狗也常會為爭交配權而打架，比較容易受傷。

春天也是換毛的季節，冬天的厚毛會大量脫落，飼主須經常地梳理協助脫毛，也要注意清潔衛生預防皮膚病，不乾淨的被毛容易成為寄生蟲和真菌的繁殖環境而引起皮膚病。

夏天必做的功課

因臺灣的氣候環境炎熱潮濕，寵物在氣溫高的環境中，因為散熱困難，很容易中暑，飼主應避免在烈日高空時帶寵物外出活動，並給予充足的飲水。如果發現寵物體溫升高、心跳加速、不停喘氣、甚至呼吸困難等症狀時，應馬上用溼冷毛巾冷敷，並立即就醫治療。

夏天氣溫高熱，食物及飼料容易變質，餵給量要適當，最好不要有剩餘或隔餐，如有發酵或變質的食物千萬不可以餵食，因為變質的食物中可能含有細菌或毒素，會引起寵物食物中毒。如發現寵物有嘔吐、腹瀉，或全身衰弱症狀時，應立即就醫。寵物的寢具也要勤換、勤曬。

秋天必做的功課

秋天時寵物新陳代謝旺盛，食慾大增，餵食量需增加，提前儲備過冬的體脂肪與能量。

秋天時寵物夏天的短毛將逐漸脫落，開始長出過冬的長毛，可以協助梳理被毛，促進冬毛的生長。晝夜溫差大，需注意寵物的保暖以防止感冒。

冬天必做的功課

冬天寒流來，氣溫驟降，許多高齡寵物潛在心臟病和腎臟病的問題也會浮現出來。除了為家中的高齡寵物安排定期的健康檢查外，也要留意寵物精神與食慾狀況，以及是否有其他症狀徵兆。需注意寵物的防寒與保暖，添加保暖墊或電熱器以預防感冒或呼吸道的疾病。

出太陽時可以出外運動取暖，陽光中的紫外線還能促進鈣質的吸收，有利骨骼的生長發育。

寵物店不會告訴您的祕密

臺灣一年四季的氣溫變化明顯，濕度也都大不相同，隨著季節的變換，飼育照護寵物的重點也不同，除了注意寵物的保暖及預防生病外，同時也要注意寵物的情緒變化及生理變化，這樣寵物才能健康快樂的成長。

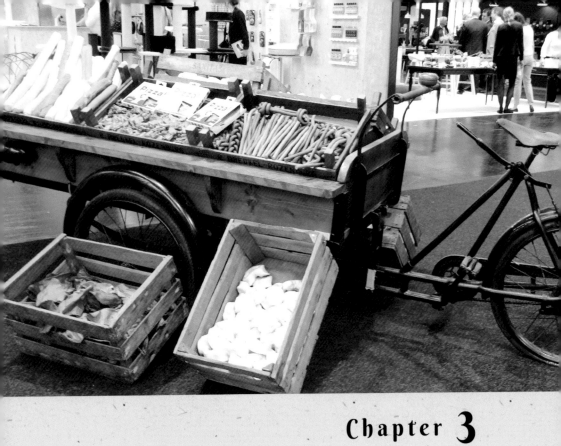

Chapter 3
消 費 的 祕 密

16

如何選擇
適合我家寶貝的飼料？

市面上的寵物飼料品牌琳瑯滿目、包裝也都相當精緻漂亮，價格從平價到高價位都有，但是飼主面對滿滿外文的飼料包裝說明，知道到底該如何選擇嗎？這些飼料是寵物要吃入口中的，需要特別小心。

飼料的選擇重點

● 亮麗的外表才是危機

有些飼主以為五顏六色的飼料代表含有各種不同的營養與原料，但殊不知那些鮮豔的食品都是染色而來，可能含有染色劑，建議還要仔細觀察飼料是否有發霉或是變質。

● 不規則的外表才正常

通常飼料是由多種原料加工後製造而成，因此不論是形狀大小不一定會呈現規則狀。表面粗糙或是凹凸反而代表肉類含量較多，澱粉含量多的飼料才會呈現光滑感，因此形狀不一致才能吃得更加安心。

● 好狗糧沒怪味道

在為愛犬選擇飼料的時候，可以從嗅聞飼料的味道判斷新鮮的程度，新鮮的飼料味道是自然、不嗆鼻、不噁心。如果有聞到脂肪氧化酸敗的油垢味，就代表已經不新鮮了。

● 選擇安全的來源

　　食品來源的安全性是選擇飼料的首要因素，並非所有的原料皆適合寵物，有些食物是人類可以吃而寵物卻不易吸收的。狗狗的飼料主成分建議以肉或禽肉為優先，而羊肉又比雞肉、牛肉及豬肉較容易吸收，吃完後大便也比較不臭。

● 營養要均衡

　　動物所需要的多種營養素，在飼料中是否有均衡？包含脂肪、蛋白質，膳食纖維與維生素及礦物質等，彼此間的含量比重都要拿捏的剛好，才能完整補充寶貝的生理成長需要。

● 依生理需求選擇

選擇寵物飼料的時候要先考慮寵物的生理特性，不同品種的寵物在不同成長階段的營養需求是不同的。

● 好吃不代表好消化

飼主可以從寵物的表現來判斷他是否喜歡？如果很快就吃完就是喜愛，假設有一口沒一口的或是吃得很慢，就表示寵物並不喜歡或是嗜口性不好，連帶也會影響寵物的用餐心情。

好不好消化又是另一回事了，一般飼料的消化率在65%～75%，其中有25%～35%是無法吸收的，因此從觀察寵物的便便量及食用後有無發胖或變瘦等現象，也可以判斷該品牌的吸收消化率。

● 保存與新鮮是關鍵

建議飼主要養成購買時查看有效期限的習慣，才能讓寶貝吃到新鮮的食品。另外保存方式也要特別注意，雖然知名品牌的飼料都有完善的外包裝及防潮功效，但是在寵物店陳列時是否存放在陰涼處或無日照的區域也是關鍵，千萬不要購買分裝的寵物飼料，您永遠不會知道分裝的環境與過程是否有可能遭受了汙染。

● 依照需求選購

有些飼主會購買大包裝的飼料，認為整體單價平均下來會比較便宜，但是這可不一定喔！除了有可能商人會在數字上玩遊戲之外，如果飼料開封後，沒有在保鮮期限內食用完畢，腐壞走味了，整包丟棄也是金錢上的浪費。建議還是按照毛孩子的食量選購飼料容量，提供新鮮的飼料給毛孩子們。

寵物店不會告訴您的祕密

　　一分錢一分貨是絕對的真理。

　　廉價飼料為節省成本，大多使用肉骨粉及副產品，如果經濟能力許可的話，請儘量選擇使用真正肉類的產品。

　　在飼主無法得知寵物飼料製程的情況下，千萬不要僅依靠印刷精美的包裝袋以及包裝標示來挑選，盡量挑選知名品牌的產品為第一優先，因為知名品牌的飼料在成分營養的均衡性及維生素的配方上有數個專業營養師團隊做研究，飼主大可放心。

　　獸醫師也會建議飼主可以定期更換不同廠牌的飼料，因為不同廠牌對飼料的營養配方不同，常常更換可使寵物攝取較多元的營養。

　　若飼主擔心嗜口性的問題，建議在更換新飼料前，將舊飼料和新飼料混合餵食，慢慢將新飼料比例加大，如此寵物很快就能適應新的飼料囉。

　　最最重要的一件事就是外包裝上是否有完整的中文標示，標示中是否有清楚詳列品名、容量、成分、營養標示、產地、製造商、用途、使用方法、經銷商、地址、電話等詳盡的資訊。

17

為什麼寵物店
要開二十四小時

有很多媒體問過我，為什麼寵物店要開二十四小時？到底有哪些人會在這些時段出現呢？他們的購買需求都一樣嗎？在這裡和大家分享我的觀察。

寵物店的二十四小時

● 早上六點到晚上六點：

　　經常出現的購買者為家庭主婦、SOHO族或經常在外奔波的業務人員，這段時間也是他們較為空閒的時間。

● 晚上六點至晚上十點：

　　上班族下班了，回家前經過寵物店時，會很自然幫毛小孩帶點寵物用品回家，甚至是家庭親子族群會在吃飽飯後，全家到寵物店逛逛，讓小孩看看其他的小動物或是觀賞魚，闔家歡樂其樂融融，寵物店儼然有小型動物園的功能。

● 晚上十點到隔天凌晨一點：

　　許多餐飲業、服務業及百貨公司的服務人員都下班了，雖然站了一

整天也要拖著疲憊的身軀，幫家裡嗷嗷待哺的毛小孩來添購必需品。因為看到毛孩子迎門露出歡迎的神情，什麼疲憊都不見了。

● 凌晨一點至早上六點：

　　還是會有許多夜貓族或是深夜才下班的族群出現，這類的族群習慣畫伏夜出。寧靜的深夜，大部分的寵物店都已熄燈，於是二十四小時營業的寵物店就成為他們的首要之選。

寵物店不會告訴您的祕密

　　當然不是所有的地區都有，也不是所有的地區都適合開二十四小時的寵物店。通常在都會區或市中心才會看到二十四小時或是營業時間到深夜的寵物店。因為長時間營業需要投入的人力成本與經營成本相對較高，並不是所有經營者都願意投入。

　　如果您居住的地區附近有二十四小時經營的寵物店，那真的很幸運，因為您多了一個可以在假日或晚餐後帶家人去逛逛的地方。

18

寵物店怎麼選？
大間小間差別在哪裡？

飼主選擇走進一家寵物店，除了離家近、服務好與價格合理外，大間的寵物店和小間的寵物店到底哪個比較好呢？ 有什麼可以做為選擇的依據呢？

選擇寵物店的判斷標準

1.穿透性：

透明的落地玻璃與明亮的光線，可以清楚的從外面看到店內的狀況，乾淨明亮的外觀也會讓顧客感覺管理良好、專業及可靠。

2.清潔衛生：

寵物店最關鍵的就是氣味問題，除了裝潢設計時的詳細規劃外，每日確實的清潔消毒與排氣通風，才能達到店內的氣味暢通，選購的舒適度也會因此增加。

3.陳列布置：

商品分類明確好找，款式多樣齊全，陳列整齊好拿，動線不要太擁擠，貨架與商品乾淨清潔，燈光明亮等，這樣才有舒適的逛街氣氛。

4. 專業與服務：

　　服務人員對於寵物的飼育知識要專業，服務態度良好，笑臉迎人，寵物美容師除了專業外還需要有耐心，更重要的是要愛寵物。

5. 商品精選、種類齊全：

　　寵物店的商品經過精心挑選，食、衣、住、行、育、樂等類別齊全，品質嚴格把關，了解飼主的需求，專業推薦最適合的商品。

6. 美容空間安全透明：

　　美容室空間採用透明設計，寵物美容的服務過程可以全部看到，出入空間特別設計二道門的安全考量，讓飼主可以放心的將寵物交給他們照顧。

7. 寵物活體的照顧：

　　空間不會過度擁擠，有飼育人員負責寵物的日常飲食，隨時清理寵物排泄物，保持展示空間乾淨，也會與飼主簽立買賣契約書，保障飼主權益。

寵物店不會告訴您的祕密

　　大間寵物店和小間的寵物店都各有優勢，大間的寵物店產品種類齊全，選擇性高，小間的寵物店親切溫馨，有適合自家寵物的必需用品，只要價格合理，專業親切，其實都是適合前往選購的寵物店。

19

寵物店推薦的商品
可以相信嗎？

這個問題可以從兩個層面來探討，這裡跟各位做個分享。

第一個探討層面：知識

第一個層面要探討的是飼主對於寵物的飼育知識及商品的認知程度
有多少？如果飼主有足夠判斷好商品的知識力，就不會被寵物店的推薦
或促銷所干擾，飼主平時可以養成多學習飼育寵物的知識，或是經常地
詢問獸醫師或是有醫療背景的專業人員，就會有自己的挑選商品的判斷
力，也不會容易被便宜的優惠促銷給吸引了。

第二個探討層面：商品

第二個層面要探討的
是寵物店家所推薦或促
銷的商品，無論是DM商
品、店長推薦、買幾送
幾、限時限量、大位落
地、專區陳列、人氣排行
榜等各式各樣的活動等，
大部分都是獲得廠商支持或是有較好的利潤商品。

在商言商，開寵物店絕對不是慈善事業，店租、水電、員工薪水都要

錢，需要利潤維持。做寵物生意的本質是分享，把好的商品或服務分享給有需要或有緣之人，盈取合理的服務費用。當您了解這背後的商業利益考量後，關於寵物店推薦或促銷的商品可不可以選購？就回歸到第一個層面，取決於飼主對於寵物的飼育知識及商品的認知程度有多少了。

獸醫師推薦的飼料可以信賴嗎？

時常聽到的有人說某某獸醫都推薦他家的毛孩子吃某某品牌的飼料，可是該品牌飼料的網路評價不好，是不是因為有給回饋，所以獸醫師才會推薦？

這可能是誤會！獸醫師有經過正規的動物相關課程訓練，即使飼育的年資可能沒有比飼主長，卻多了解剖學與疾病醫療等，一般飼主幾乎不會鑽研的知識。在飲食上面，為了避免飼主在製作鮮食時誤放了毛孩子不能吃的食物，造成溶血、中毒等急症，獸醫師當然會首推經過專業團隊把關，含有毛孩子必須營養的品牌飼料。如果有飼料與鮮食上的問題，只要在看診時跟獸醫師討論，相信獸醫師都會給予受用的建議的。

寵物店不會告訴您的祕密

好商品或是知名品牌的商品不會是經常特價或促銷的商品，但在商業利益的考量下，現實往往是殘酷的，低價促銷商品可能潛藏著滯銷、快過期、成分不明、水貨等等不為人知的假象，飼主不可不謹慎篩選。

20

日本的寵物商品
一定比較好嗎？

　　日本的寵物商品一定比較好嗎？或許這是大眾普遍的迷思，但是飼主在挑選日本包裝的食品或是用品時，該如何判斷這確實是從日本遠渡而來的？或著不過是有著日文包裝外表的假貨呢？以下是我們針對食品和用品部分來說明與判斷的方法。

食品部分

　　如果這是飼主所熟知的知名日本寵物食品品牌，那您大可放心，一定有國內負責任的貿易商所代理進口，但是如果這商品是飼主您不熟悉或是沒看過的新品牌，那最好仔細檢查商品背後是否有完整的中文標示說明。

　　中文標示是否詳列了品名、容量、成分、營養標示、產地、製造商、用途、使用方法、經銷商、地址、電話等，標示的愈詳盡，商品的來源就愈安全。

　　動物保護法已於民國一〇四年二月四日修正通過，將寵物食品正式入法管理，經參酌美國、歐盟、日本相關規範及我國食品安全衛生管理法、商品標示法及飼料管理法等立法體例，並依據寵物食品之產品特性及消費需求，訂定了相關規範，以維護寵物之健康及飼主之權益。

用品部分

　　寵物用品的部分除了比照上述的方式仔細檢查該用品是否有完整的中文標示說明之外，還必須要了解，許多的日本寵物用品產地不一定是在日本，可能是在臺灣、中國或是韓國製造後，再運回日本貼標販售，再經代理商運回臺灣販售，如此一來一往的售價就會以比一般臺灣製造的用品貴上許多倍。

　　有些用品甚至只是標寫日文字，裡外可能都是中國製造的假日貨，因此飼主如果沒有非得買日本製造不可的寵物用品，建議可以選擇臺灣製造的寵物用品，品質與功能都已有水準的用品還能幫飼主省荷包呢。

寵物店不會告訴您的祕密

臺灣對於寵物食品的進口規範堪稱世界一流，因此只要是有取得國際品質認證的製造廠，一定會明顯標示該公司通過如HACCP、ISO 22000、ISO 90001等等國際檢驗標準，表示該公司對其產品的品質與安全都會嚴格的把關，飼主可以安心的選購。

但現存的動保法中「寵物食品有害物質及安全容許量」，僅針對重金屬含量、寵物食品之保存劑、抗氧化劑、三聚氰胺、丙二醇等做明文規範，卻沒有規範防腐劑、化學香精、色素、明膠等常見的食品添加物，飼主選購時也要仔細思考囉。

寵物店不會告訴您的祕密

添加物種類	動保法規範	影響
三聚氰胺	2.55ppm	影響腎臟甚大，會有結石、衰竭、病變等風險
化學香精	尚無規範	丙烯醯胺、氯丙醇等若是長期在體內累積，恐有生殖毒性和致癌性的危險
重金屬含量	鎘：2 ppm 汞：0.4 ppm 鉛：5 ppm 砷：2 ppm	含量若是超過，會有罹癌、肝臟病變、中樞神經系統受損風險
丙二醇	貓用寵物食品不可檢出	會使貓咪貧血
防腐劑	尚無規範	長期使用將有中毒危機
明膠	尚無規範	食用明膠沒有任何營養價值，而工業用明膠更嚴重，除了鉻會破壞骨髓影響造血細胞，嚴重也會致癌。且兩者尚無法辨別
保存劑及抗氧化劑含量	1. 亞硝酸鈉：100ppm 2. 衣索金＋丁羥甲苯＋丁羥甲醚含量總合150ppm且衣索金不得超過75ppm	長期使用將有致癌危險

21

飼料買小包還是大包？
為什麼？

　　站在寵物店的角度，有些寵物店會推薦飼主買小包裝的飼料，因為不僅可以維持飼料的新鮮度，而且容易保存飼料，保鮮的品質上也比較有保障。也有寵物店會主推整體單價相對較低的大包裝飼料。

　　究竟哪一種比較好呢？我們來簡單做個分析。

飼料包裝是檢查的重點

　　飼主可以仔細觀察原廠包裝的材質，一定都具有相當程度的隔絕性，為了讓飼料不變質，具備了真空、防潮、防濕、防光、防曬等效果考量，反觀分裝用的塑膠袋大部分都是透明材質，是否具備以上的功能令人存疑？

　　在開封分裝的當下，飼料就接觸了空氣，分裝的環境、人員、過程是否都有汙染及接觸細菌的風險呢？用封口機是否就一定保證密封？保存的地方是否有效的防潮與防曬呢？這些都是飼主應該要去注意的重點。

大包裝與小包裝的差別

在寵物店的角度，主推小包裝飼料的店家當然是希望飼主的回店率能增加，在購買飼料時也可以順便逛逛賣場增加消費。主推大包裝的寵物店，有些還會貼心的幫飼主分裝，減少飼料保存的問題，而且大包裝飼料單價高，可以提升該店業績。有些店家還提供宅配到府，可以減少飼主往返的困擾。但是綜合以上考量，建議飼主還是要以飼養的寵物品種大小及數量為依據，挑選可以在一個月內食用完畢的分量，才是最剛好的包裝尺寸。

寵物店不會告訴您的祕密

如果家中狗狗屬於小型犬或是飼養數量不多，食用速度沒有那麼快時，飼主千萬不要貪小便宜選購大包裝的飼料，或是因為價格便宜的優惠而一次購買太多包。

建議飼主還是應該針對寵物品種大小，及飼養數量和食量來挑選適合的飼料包裝尺寸。

22

 # 如何選擇潔牙骨？

　　關於潔牙骨，滿多飼主都不知道要怎麼挑選，其實只要掌握幾點絕竅，就能挑到適合自己狗狗的潔牙骨囉。

以體型作為挑選的基本原則

　　可以依照狗狗的體型選擇適合的尺寸、硬度的潔牙骨，挑選對的潔牙骨才能深入牙縫牙齦，達到有效的清潔。

超小型狗 （2~7kg）	小型狗 （7~11kg）	中型狗 （11~22kg）	大型狗 （22~45kg）
Mini or small	Mini or small	small or large	large

使用潔牙骨的時機點

　　建議每天早晚使用一根最佳，而口臭較嚴重的狗狗，一天可吃兩支加強潔牙效果。

飼主如果挑選牛皮骨和大骨等造型的材質，要特別注意寵物在食用的過程中是否容易噎到、牙齒受損、刮傷消化道、生皮無法消化等等問題，若有疑慮就要停止讓狗狗食用。

寵物店不會告訴您的祕密

飼主其實可以依照寵物的體型大小，往上挑選比狗狗體型稍大一點的Size，當然還要觀察寵物的牙齒健康程度，選擇軟硬適當的潔牙骨，尤其高齡的寵物不要挑選太硬的潔牙骨。

另外，潔牙骨並不能當作是狗狗的主食，有些飼主想說潔牙骨這麼耐咬，怕狗狗吃下去不好消化，所以會特別將潔牙骨切成小塊，這樣不好。潔牙骨主要是讓狗狗藉由啃食動作來磨去牙齒上的髒東西，如果太小塊，就達不到清潔的效果。而且有時狗狗還會「一口吞」，可能會有噎到的危險。

一般只要潔牙骨被咬個三五分鐘，破破爛爛或水水的，就可以收走不要讓狗狗繼續啃咬。要是狗狗不願意放棄香香的潔牙骨，可以使用零食來跟狗狗交換喔！

如果是第一次挑選寵物的潔牙骨，可以參考是否有VOHC（Veterinary Oral Health Council）獸醫口腔健康協會的認證，VOHC認證的產品有數據支持，很適合剛開始挑選潔牙骨產品的飼主做為參考與比較的依據喔！

最後還是做個提醒，潔牙骨只是幫助狗狗維護牙齒與口腔健康的方法之一，無法完全取代刷牙，如果口臭嚴重的狗狗，務必要請獸醫師檢查是否有其他的口腔問題。

23

 寵物為什麼需要玩具？

　　當您出門時，寵物長時間在家裡會使他們產生焦慮和壓力，於是會自然的在環境中不斷地探索，利用嗅覺、視覺去狩獵，或挖掘獵物、將獵物撕成碎片再吃掉，以釋放他們源源不絕的精力。因此，幫寵物挑選適合的玩具既可消耗精力、穩定心情，也不會讓寵物太過孤單與無聊。

玩具的種類通常區分為下列幾類：

1. 乳膠型

　　乳膠型的玩具比較花俏，有些會發出響聲，適合拋接玩耍，讓寵物玩起來更有趣，適合沒有攻擊撕咬習慣的寵物使用。

2. 絨毛型

　　絨毛型的玩具柔軟舒適，有一般絨毛布，尼龍與帆布等材質，重量輕，容易清洗，適合寵物平常玩樂時使用。

3. 繩索型

　　繩索型的玩具大多是由尼龍或棉質材料製成，適合有撕咬習慣的狗狗，對於喜歡與狗狗玩拖拽遊戲的飼主非常有幫助。

4. 益智型

益智型的玩具可以在玩具中藏放零食，讓寵物在玩耍時因發現零食以增加樂趣與玩耍時間，材質通常是由塑膠或木材製成。

訓練寵物玩玩具的好處：

- 可以預防牙結石的產生，間接保護口腔清潔。
- 可以延緩高齡寵物的衰老，預防「認知功能障礙」。
- 可以藉由玩玩具打發時間，消耗精力，獲得滿足感。
- 可以建立與寵物的互動，並增進飼主與寵物的感情。
- 可以矯正某些不良行為，建立居家行為規則。

寵物店不會告訴您的祕密

　　寵物行為專家告訴我們，一般寵物至少得同時擁有三種寵物玩具，包括心靈慰藉、拋擲互動與排遣寂寞等三種。

　　在挑選玩具時也必須注意：

1. 更新速度

　　玩具玩久玩壞了寵物也會感到厭煩，經常更換玩具是必要的，讓寵物隨時有新鮮感才有樂趣。

2. 注意品質

　　挑選玩具時要特別注意玩具的大小與材質，需評估寵物的體型做挑選，太大或太小都不好，劣質的產品可能會因為啃食或撕咬後誤食，反而對寵物的健康造成重大影響。

3. 消毒清潔

　　玩具上的細菌非常多，定期的清洗與消毒是必要的，才不會影響寵物的身體健康。

24

養貓咪需要什麼
必要的配備？

新手貓奴們是否都有這樣的困擾？飼養貓咪時到底該買什麼樣的基本配備呢？以下是我們簡單整理的基本配備用品，提供給您參考。

養貓咪必要的配備

1. **貓飼料**：請購買標示清楚的品牌飼料，並依需求來選擇符合的飼料，如成貓、幼貓、挑嘴貓、老貓、孕貓等等。

除了飼料之外，還有另一種選擇為罐頭，我們相對稱其為溼食，飼料則為乾食。養貓界兩派都有人推崇，主因是在於罐頭含有水分，可以幫助不愛喝水的貓咪補充水分，但是開封後保存不易且售價較高，至於嗜口性則不一定，有些飼料配方比罐頭更受貓咪喜愛，飼主可以評估自身狀況與愛貓的健康狀況做選擇。

2. **食碗**：貓咪的食碗，建議購買不易滋生細菌的陶瓷、不鏽鋼等材質，建議可以準備兩套，一個裝飼料一個裝水，並請定期清洗。

3. **貓提籃**：為了方便帶貓咪出門，貓提籃是非常重要的用品，可以

讓貓咪產生安全感，建議挑選有門的硬式提籃，或是布製品及背包型外出提包。請飼主一定要確認貓咪能夠牢牢的待在提籃裡頭，才不會因為外在環境的驚嚇而跳出來發生危險。

4. 貓砂：貓砂的材質有非常多種，因為貓砂為常態性使用的耗材，使用量很高，所以建議使用較為環保的貓砂材質，而且也要特別注意拋棄說明，雖然有些貓砂標榜可沖入馬桶內拋棄，但是事實上，很多公寓大樓的馬桶排水管線並不適合沖入貓砂，特別是舊公寓大樓的排水管線老舊，問題本來就多，住戶由於管線堵塞而與養貓的飼主起爭執的事情屢見不鮮，所以還是建議儘量以不可燃燒垃圾的方式丟棄。

5. 貓砂盆：貓砂盆有分單層和雙層，可以依慣用的貓砂種類而選擇，如水晶砂或木屑砂，則適合雙層砂盆。

6. 貓窩睡床：貓咪一天約有十四個小時都在睡覺補眠，因此幫貓咪挑選一個舒適的貓窩睡床非常重要。貓窩睡床建議放在安靜的角落，除了要柔軟還要兼具保暖的效果喔。

7. 趾甲剪：飼主要學習幫貓咪剪趾甲，可選擇貓用剪趾器，但請注意不要剪到趾甲中的微血管，可是會流血的。如果貓咪很難讓人固定修趾甲，可以試看看洗衣網固定法喔！

8. **貓抓板**：貓咪在生活中磨爪子是必然的行為，為了讓他養成使用貓抓板的好習慣，幫貓咪購買適合的貓抓板也是必要的，市面上的貓抓板材質有木材、紙板、麻繩等等，可以試著挑選家中貓咪喜歡的材質。

9. **梳子**：要讓貓咪安定下來，可選擇橡膠梳和扁齒梳交互使用，尤其長毛貓適合用扁齒梳從背部開始往下梳開，接著再逆毛往頭部梳，接著來到臉部、四肢和尾巴，等梳順了再用橡膠梳即可。而短毛貓直接用橡膠梳就可以了。

10. **洗毛精**：貓用洗毛精有很多種類，洗貓前請先準備好浴盆、乾淨的大毛巾和吹風機，先從背部到頭部用蓮蓬頭開溫水緩緩沖洗，再洗腹部和尾巴，溫柔的搓洗就能夠慢慢上手囉。

寵物店不會告訴您的祕密

寵物店員極力推銷的產品不一定是「必要的」，新手貓媽媽在飼養時可以先詢問有經驗的飼主，一開始先挑選「必要的」產品，上手了有經驗後再慢慢添購「想要的」產品喔。

有些飼主會特別為愛貓添購喝水器，希望吸引貓咪多攝取水分。喝水器的做法很多也不困難，網路上有許多飼主分享的喝水器製作步驟可以參考。

25

如何幫寵物選擇
適合的窩與睡墊？

天氣變冷時，該如何為寵物挑選溫暖的睡窩睡墊呢？而貓咪和狗狗添購的重點可是不一樣的喔，請參考以下建議。

狗狗的睡墊

喜歡躲在桌底下或床下的狗狗比較沒有安全感，可以購買全罩式的狗窩；喜歡大喇喇躺在地板上的狗狗就可以挑選柔軟的軟式睡墊；而喜歡躺在沙發上的狗狗可以選擇毛毯式的睡墊。

貓咪的睡墊

　　貓窩最好挑選有包覆性的半封閉式造型，這符合貓咪不愛被打擾的個性，在裡頭鋪上毛巾軟墊可以讓貓咪睡得更舒適。

寵物店不會告訴您的祕密

　　飼主可以針對寵物不同的個性和生活習慣來挑選適合的睡窩睡墊，或是飼主也可以嘗試自己DIY幫寵物製作，但是要注意內外都要修飾平整光滑。

　　另外就是清潔上也要多加注意，除了常用吸塵器吸走多餘的毛屑與塵蟎之外，會建議多幫毛孩子準備幾張睡窩，固定更換清洗以及放在陽光下曝曬，能減少寄生蟲孳生的機會，毛孩子的皮膚問題也會變少，居住在同一空間的家人也不會莫名其妙出現叮痕或發癢。

26

如何挑選貓砂？
優缺點？

貓砂的種類很多，各有各的擁護者，但重點不外乎是凝結力、吸尿、消臭等等，該如何挑選適合家中貓咪的貓砂呢？

不同貓砂材質的特色

1. **礦物砂**：具有很好的除臭力、凝結力尚可，天然的材質深受貓咪喜愛，但是比較不環保。礦物砂的粉塵問題容易造成居家環境髒亂，對於寵物及人體健康不是很好。

2. **紙砂**：相較於礦物砂而言，紙砂就比較環保了，強調能沖進馬桶中，也能當成可燃垃圾，但因為重量輕容易揚塵，吸尿的吸水包覆力不足、價格較高。

3. **木屑砂**：木屑砂屬於可燃垃圾，清潔較為方便但凝結力不佳，需經常清理，否則容易崩解成粉狀，產生揚塵。因為帶有天然的木屑香，具有除臭效果，選擇木屑砂還有居家芳香的效果。

4. **豆腐砂**：是滿熱門的貓砂種類，兼具凝結力、吸尿、消臭等等多種功效，又是可燃垃圾，但是價格較貴、易受潮發霉、有時會長蟲。

5. **水晶砂**：非常容易吸尿、消臭，便便會在水晶砂中乾燥，耐用性長但凝結力不好也不環保，無法當成可燃垃圾。

寵物店不會告訴您的祕密

選好貓咪喜歡的貓砂之後，貓砂盆可以選擇擺放在安靜通風、可自由進出的廁所或寢室旁較為適合，放在適當的位置，貓咪就會自然的去那邊解放了。

不過貓咪對貓砂盆環境是出名挑剔的動物，太吵、太亮、太多人經過或是貓咪感覺太髒，就不會使用貓砂盆，可能會發生隨處排泄的問題行為。針對如何改善這個問題，知名《管教惡貓》節目主持人，貓咪老爹傑克森．蓋勒克西，在其著作《創意貓宅改造術：獨特DIY居家設計，運用小巧思與愛貓的感情加溫！》中有提到一個貓砂盆的公式，就是貓砂盆的數量最少必須是貓咪飼養數量＋1，也就是說，只提供一個貓砂盆其實是不夠的，請多為愛貓準備一個貓砂盆吧！

27

到底需不需要幫狗狗買尿布墊？

　　以前飼養寵物的方式是將狗狗關在籠子裡，於是吃飯、大便、睡覺都在同一個地方，其實對狗狗來說是痛苦不堪的。狗狗是愛乾淨的動物，不會在睡覺的地方如廁，所以我們常會看見毛孩子排泄後，有往後耙土掩埋的慣性動作。

　　幫狗狗準備尿布墊，讓他在尿布墊上尿尿，能避免狗狗的腳或毛沾到尿液，也能維護環境的潔淨。最重要的是要訓練狗狗願意在家上廁所，避免雨天、颱風天不方便外出溜狗，然後狗狗憋尿的情況發生。

購買尿布墊只是第一步

　　如果您認為只要買了尿布墊放在家中，狗狗就會乖乖在上頭尿尿，那可就大錯特錯了。要讓狗狗學會定點大小便，可是需要付出耐心慢慢教的。

　　最好是從幼犬時期就開始教導定點大小便，首先可以在隔離區內鋪滿尿布墊，當他尿對位置後，再逐漸地把尿布墊的範圍縮小，最後將隔離區撤除，只留下尿布墊就可以了，光

是這段訓練可能就得花上幾個星期。

另外，隨著狗狗長大了，也要記得跟著調整尿布墊的大小，否則大狗可能無法精準地尿在小墊子上或弄濕他的腳，這是狗狗不喜歡的。

訓練過程中當狗狗正確的在尿布墊上大小便後，可以獎勵他，讓他認為這是對的事情，千萬不要懲罰狗狗，避免狗狗會因為害怕懲罰而養成吃大便湮滅證據的壞習慣。

寵物店不會告訴您的祕密

如廁訓練一直讓很多飼主感到頭痛。建議飼主將狗狗餵食、睡覺與大小便的地方區分開來，訓練狗狗使用尿布墊，因為尿布墊既安全，吸水性又佳，更能讓毛孩子養成固定定點排泄，不會隨地大小便的好習慣。

另外補充一個關於狗狗上完廁所後耙土行為的有趣理論。

一般我們都認為狗狗上完廁所耙土掩埋，除了是愛乾淨外，也是為了避免被掠食者發現自己的氣味與位置。不過因為狗狗已經被馴化很久了，有一個行為學研究發現，狗狗上完廁所耙土可不一定是在掩埋排泄物喔！特別是在家中被寵成小霸王的狗狗們，他們上完廁所，腳往後耙的動作其實是在把沾到自己排泄物的沙土「最大範圍的往外擴散」，根本就不是為了要用土掩埋，而是要讓自己的味道充斥整個環境，除了有標示作用外，也能穩定狗狗的情緒。如果下次有機會帶狗狗出去散步，不妨觀察一下家中的狗狗是不是也有同樣的行為喔。

Chapter **4**
專 業 人 員 的 祕 密

28

如何挑選寵物美容店？

　　如何挑選一間安全合法的寵物美容店，以下提供了幾個要點，若是該店符合的項目愈多就代表愈可靠，可以放心的將寶貝交給他們，好好的打理一番。

挑選寵物店的建議

1. 有沒有合格的美容師證照？

如果是合格的寵物美容師，都會經過寵物美容協會考試認證，授予C級、B級或A級美容師證書，或是國家考試合格的寵物美容丙級技術士證書。

合格的寵物美容師，大多會非常樂意將這個辛苦得來的證書懸掛在明顯處。

2. 寵物美容店重視服務還是拚量？

可以先了解寵物美容店的服務理念，選擇質與量兼顧的優良店家，千萬別冒險挑選便宜的寵物店，一分錢一分貨是不變的道理。

3. 美容場域的維護是否有保持整潔？

觀察地板、玻璃、設備及美容器具等等，是否保持乾淨清潔，飼主也可以從參觀美容室時感受是否有濃厚的異味來判定。

4. 家中的毛小孩是否喜歡這家寵物美容店？

如果寵物去美容過後，下次前往時有明顯的抗拒，可能表示曾經歷過不好的感受，這時就要考慮換一間美容店。寵物的反應也是最明顯的考量關鍵。

5. 寵物美容室的動線安排是否妥當？

待洗區與完成區的寵物必須有明確的分開安置，可以避免交叉感染與清潔狀況不明。

6. 寵物美容店是否有兩道門？

　　兩道門的安全防護，可以防範寵物突然爆衝時，直接衝入車道而造成車輛及寵物的危險。

7. 寵物旅館是否專業？

　　如果寵物需要住宿，需詢問寵物美容店下班後，旅館是否還有人員照顧？寵物美容室下班後旅館是否還有空調？以及是否有妥善將貓狗分開？是否將高齡的、年輕的、有疾病的寵物分開安置等問題。

寵物店不會告訴您的祕密

　　依照特定寵物業管理辦法規定，凡是以營利為目的，經營特定寵物繁殖、買賣或寄養之業者，須依法申請「寵物業許可證」，並應將許可證懸掛於營業場所內明顯處。

　　如果您進到一家有販賣活體或經營旅館住宿的寵物店或寵物美容店時，可以先看看有沒有許可的證書喔。

29

寵物店的服務人員
有受過哪些
專業證照訓練？

　　目前在臺灣最普遍的寵物職業證照應該就是寵物美容師證照了，主要考照的單位有KCT台灣畜犬協會、TGA台灣區寵物美容協會、PGA中華民國愛犬美容協會及TKA台灣育犬協會，各家有各家的認證考核制度，因為考核標準制度不一致，於是勞動力發展署於民國一〇五年開始舉辦寵物美容師丙級執照考試，相信有政府監督與背書的認證考試，飼主到了具有合格寵物美容師丙級證照的寵物店，也較能感到安心與信心。

國外的服務業人員訓練

　　日本寵物行業的從業人員，大多受過動物專門學校的寵物飼育相關訓練，並擁有民間協會所頒發的專業證書，舉凡如：愛犬飼育管理士證書、寵物美容師證書、指導手證書、寵物訓練士證書、家庭動物管理士證書、動物看護師證書、寵物按摩師證書、寵物芳療師證書、寵物營養管理師證書、寵物販賣士證書等，都須經過嚴謹紮實的訓練與考試後，才能取得協會正式認同的合格證書，寵物店才會聘用擁有合格證書的人員，也才能提供飼主正確的飼育觀念。

臺灣的服務業人員訓練

　　在臺灣，長期以來關於寵物產業人才的養成學校多以獸醫學系為主，例如：臺大、中興、嘉大、屏科大、亞大等學校，而一般寵物店服務人員所需的多元技術與知識的提供卻相對的缺乏。近幾年寵物市場的蓬勃發展，對於一般服務的專業人才需求大增，所以相繼有大仁科技大學、臺北海洋技術學院、中華醫事科技大學、亞太創意技術學院、美和科技大學等院校投入寵物美容的養成教育。同時，產業環境的競爭與改變，也促進了寵物門市服務人員對於多元知識與證照的需求。

寵物店不會告訴您的祕密

　　寵物店服務人員的寵物相關飼育知識，大多仰賴自學或供貨廠商所提供的銷售訓練資訊，所以多以結合自家產品優勢以成功銷售為目的，雖然可以參考，但也不一定適合自己的寵物。所以飼主一定也要多了解自己的寶貝寵物，建議可尋求較具公信力的知識來源，或者觀察寵物店是否有懸掛相關的專業證照，消費會較為安心。

30

毛孩子一定要
送到寵物美容店
清潔整理比較好？

寵物皮脂腺會分泌一種難聞的氣味，被毛也會因為沾上汙穢物使被毛纏結在一起，所以必須定時幫寵物梳洗，保持寵物皮膚及被毛的清潔衛生，有利其健康。

請飼主客觀回答下列幾個問題後，這個祕密的答案就會自然浮現出來。

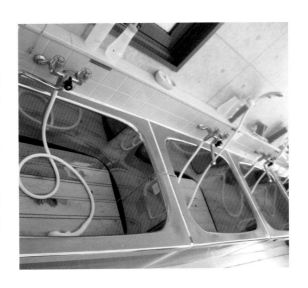

評估表

飼主受過專業的寵物美容訓練嗎？ Yes ☐ No☐

飼主能在一小時內幫寵物洗完澡並吹乾造型嗎？ Yes ☐ No☐

飼主會幫寵物剪指甲嗎？ Yes ☐ No☐

飼主會幫寵物擠肛門腺嗎？ Yes ☐ No☐

飼主會幫寵物梳開毛結嗎？ Yes ☐ No☐

飼主會幫寵物掏耳朵嗎？ Yes ☐ No☐

飼主會幫寵物剪毛造型而不使寵物受傷嗎？ Yes ☐ No☐

假使飼主以上的回答都是YES，那您的寵物也許不一定要送去寵物美容店洗澡，大可以在家自行打理毛小孩。

　　但是如果您是上班族或是自行創業，沒有太多時間可以自己處理，建議還是送去寵物美容店接受專業的服務吧！

寵物店不會告訴您的祕密

寵物要多久洗一次澡才是適合的？

　　歐洲人的飼養觀念是維持自然，不過度清潔洗澡及剪毛美容，但在亞洲地區，尤其是臺灣，因氣候高溫潮濕，建議一星期送洗一次為佳。梳理時，嘴巴周圍、耳後、屁股內側，趾尖等部位都要特別注意梳理清潔。另外在吹乾的部分，寵物被毛的內裡一定要徹底乾燥，避免造成寵物皮膚溼疹等問題。

31

寄生蟲真煩人，
除蚤產品要怎麼用？

夏天到了，寄生蟲軍團也跟著大出動，看著寵物們抓不停真是煩人又心疼。為了驅除寄生蟲，飼主可能會到寵物店買除蟲配方來對抗寄生蟲，但是除蟲用品是否會殺了寄生蟲卻也傷害了寵物們的健康呢？

常見寵物外寄生蟲，跳蚤和蜱。

各類除蚤產品比較分析

● **柑橘類產品：**

包括檸檬、橘子、柚子等味道的產品都歸納在柑橘類，雖然味道清香，但貓咪們卻不喜歡，不小心吃到有可能會刺激食道而導致嘔吐。

● **香茅精油類產品：**

香茅精油是人類經常使用的驅蟲劑，但對貓咪們卻有傷害，曾有貓咪接觸到香茅精油導致休克的案例。

● **薄荷精油類產品：**

薄荷精油也是人類慣用的產品，使用時涼爽清香，但是，不當的使用在貓咪身上，可能引發皮膚炎或肝衰竭喔。

● 茶樹精油類產品：

　　茶樹精油經常看見寵物的洗毛精中出現，但是不當的使用將會導致寵物的疲憊、步伐不穩、抽搐、流口水等現象。

寄生蟲問題還是先諮詢獸醫比較安心

　　有沒有發現上述幾種除蟲產品對寵物都有一定的危險性？所以建議飼主，不論是要幫寵物驅除體外或體內的寄生蟲，都請先跟獸醫師諮詢後再進行，不要隨便購買與使用來路不明的產品。特別是貓咪非常喜歡舔毛，有些藥品必須要滴在貓咪舔不到的地方，例如後頸部，避免貓咪因為舔身體而將殘留在毛上的藥物吃進肚子裡。

　　另外勤梳毛、外出回來確實擦拭清潔、注意環境清潔、不要讓毛孩子隨便撿食地上的東西吃，都是避免蟲蟲危機的基本功喔！

 ## 寵物店不會告訴您的祕密

　　雖然我們認為「天然ㄟ尚好」，但是人和寵物的代謝方式畢竟還是不同，曾有精油產品導致寵物中毒休克的事件，不排除是精油裡含有的農藥、重金屬等未檢出的成分所致，畢竟精油濃縮了300倍，連帶農藥和重金屬等成分也濃縮了300倍，一旦超過寵物所能負荷的劑量，對寵物的健康將會造成不可預期的傷害。建議挑選專為寵物設計的除蟲產品。

32

寵物美容室的器材
每天都會消毒嗎？

為了避免寵物在美容的流程中交叉感染，美容器材的消毒是基本。

消毒的方式

一般會使用酒精清潔消毒每天所使用的器具，講究一點會加上烘箱高溫烘烤殺菌，高級的寵物美容店則會使用次氯酸消毒殺菌，美容工具還會放入紫外線殺菌箱內照射消毒，美容臺及鐵籠也會使用噴燈火烤消毒，以避免有蟲卵附著在使用過的美容臺或鐵籠上。

觀察寵物美容室的重點

器材的清潔是寵物美容師的重點表現，若是第一次前往寵物美容室，可以藉由觀察室內環境是否光亮沒有異味、玻璃窗是否清潔透亮、毛屑是否有固定清掃、修剪器材沒有生鏽並確實收整放置在正確的位置、烘箱與設備是否有清理沒有積灰塵等，來做基本的評估唷。

寵物店不會告訴您的祕密

飼主們可以參考上述程序詢問寵物美容店家是否有清理美容室及美容器具的標準流程，或是提供每日清潔紀錄以供參考佐證。

33

寵物美容的程序
有哪些？

一般寵物美容前會搭配基本的洗澡清潔，手續很繁複，需要有一定的專業度才能做得較為順手。

寵物美容常見的程序

第一次清潔→擠肛門腺→第二次清潔→潤絲或特殊護理→吸水毛巾擦乾→掃水→烘箱乾燥→吹風機吹整毛髮→眼周毛髮修剪→修腳底毛→清耳朵→剪指甲→最後檢查→完成；有些寵物美容店為提昇效率，會將洗好澡的寵物放進烘箱烘半乾，再用吹風機將毛拉直吹乾，最後才是剪毛美容造型。

寵物店不會告訴您的祕密

曾有寵物美容師因為工作量大，無法同時兼顧剪毛及烘箱中的寵物而造成遺憾的案例，因此飼主可以挑選強調手吹的寵物美容店，或是特別與店家要求您家的寶貝不進烘箱，店家可能會收取額外的費用，這點可以與店家達成協議。

34

為什麼有些寵物美容院洗貓會麻醉？

相信很多人都知道幫貓洗澡是苦力活，一不小心還會見傷掛彩。其實貓咪需要較多的油脂保護毛質和皮膚，若非特別沾染到髒汙，是不用特別幫貓咪洗澡的。

寵物美容院幫貓咪麻醉的理由

有些貓咪非常怕水，遇水時會激烈的掙扎，讓美容師被貓咪抓咬受傷的機率增加。又因為貓咪心臟能承受壓力的能力比狗狗低很多，除了容易因掙扎而受傷，心臟耐壓度不足也有可能引起休克。因此有些寵物店會建議先請獸醫進行麻醉後再洗澡，比較安全。

不麻醉就不能幫貓咪洗澡了嗎？

除了麻醉外，有經驗的寵物美容師會用毛巾或洗衣袋包覆貓咪，先行安撫及按摩使貓咪放鬆，降低警戒。當貓咪感受到不具威脅，表現安定後就可以慢慢幫貓咪洗澡了。

寵物店不會告訴您的祕密

依據獸醫師法規定，必須要有國家考試合格的獸醫師才能為貓咪施打麻醉，寵物美容師是不能夠幫貓咪麻醉的，不僅違法風險也高。

35

為什麼我家的狗狗
總是臭臭的？

　　是不是很疑惑，每當您家狗狗洗完澡後香噴噴的，結果常常沒隔幾天就開始了出現不好聞的味道，難道是洗澡的頻率不夠嗎？

　　正常來說，狗狗的體味是來自於皮脂腺的分泌物接觸空氣氧化，這是正常的現象，但是如果出現不正常的臭味時，可以觀察以下幾個地方：

狗狗嘴巴臭：有可能是牙結石或是口腔炎

　　寵物長期食用乾糧或罐頭，牙齒容易形成厚厚的牙垢，產生令人難以入鼻的臭味，嚴重時還會導致牙周病。

　　解決的方式是替狗狗刷牙，最好天天刷牙，若是狗狗排斥刷牙，至少保持三天刷一次牙的好習慣。

狗狗頻繁的甩耳朵或耳朵有臭味：有可能是耳垢太多或耳道感染發炎

　　狗狗的耳垢比較濕軟，加上耳道構造為L型，清理的方式不當容易將耳垢推向耳朵深處，造成狗狗耳朵不舒服，甚至引起發炎。

　　可以使用清耳液藥水軟化耳垢，再由狗狗自行以甩頭的力量將耳垢甩出，也可以請美容師或獸醫師等專業人員協助處裡。

狗狗被毛或身體臭臭：有可能是皮膚炎症

　　常見的各種病原感染，包括跳蚤、壁蝨、蟎蟲、毛囊蟲、細菌、黴菌、皮屑芽孢菌等，都會造成狗狗的搔癢不適，在反覆搔抓的情況下，就容易抓出傷口，甚至造成更嚴重的感染狀況，這時不健康的皮膚就可能飄出異味。

　　可以天天幫狗狗梳毛，協助他們清潔身上被毛的髒汙，定期前往洗澡美容清潔皮膚及被毛，定期除蚤等，都可以有效地降低狗狗身體臭味產生。

狗狗常常蹲坐在地上或摩擦屁股：有可能是肛門囊腫

　　狗狗的肛門腺會釋放出每隻狗獨有的味道，裡面的分泌物累積過多時，會使肛門腺腫大並發出惡臭。

　　如果狗狗有定期到寵物店做洗澡美容，美容師都會替狗狗擠肛門腺，如果飼主平常自己幫寵物洗澡清潔時，可以檢查狗狗肛門腺是否腫大，也可以自己幫狗狗擠肛門腺，避免腫大及發出臭味。

寵物店不會告訴您的祕密

　　大多數的狗狗身上並不會發出很奇怪的臭味，有些飼主因為聞到狗狗身上的體味，就一直不斷的幫他洗澡，結果寵物身上的油脂就被洗掉了，於是寵物的皮脂腺就會加速分泌油脂，造成身上的「味道」愈來愈濃郁了。

36

狗狗可以用
人的洗髮精嗎？

　　這是很多飼主都會詢問的問題，有的人說他都用一般的香皂幫狗狗洗澡、有人會共用自己的洗髮精，但也有人宣導狗狗要用專用的洗毛精，到底哪一個才對呢？

狗狗與人類的生理不同

　　因為狗狗與人類的皮膚與毛髮構造不一樣，所以使用洗毛精的訴求也不盡相同，人類的洗髮精會洗去毛髮的多餘油脂，容易使寵物的皮膚與毛髮過度乾燥，不同品種的狗狗也有著不同的皮膚與被毛特質，因此，建議飼主必須考量狗狗的毛色、毛質、長度及皮膚狀況等因素，再挑選適合的洗毛精。

寵物店不會告訴您的祕密

寵物洗毛精的品質真的差、很、多。

有的品牌洗完後，可以維持較長的天數，有的品牌洗完後三天就有很詭異的味道了，飼主一定要多比較試用後再決定，並仔細確認該產品的成分與來源，才能保障狗狗的健康。

幫寵物洗完澡後一定要確實沖洗乾淨，被毛與毛根一定要用吹風機吹乾，避免滋生黴菌產生臭味與皮膚疾病。

這是日本的寵物清潔用品，針對寵物清潔的不同需求而有不同的專用商品問世。

37

送寵物洗澡時
如何保障自己的權益？

　　通常較有制度及規模的寵物美容室在接待寵物洗澡、美容時都有標準的作業流程，這裡跟各位做個分享。

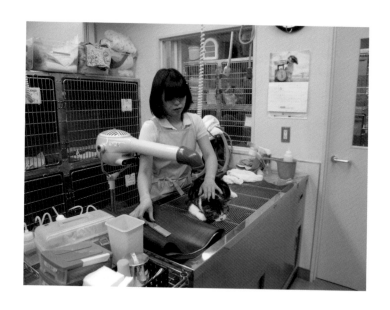

美容師的檢查工作

　　美容師會先幫寵物做外觀檢查，包含檢查貓狗的皮膚、毛髮狀況是否異常、眼睛是否有外傷或異狀、耳朵是否有異味或外傷、牙齒狀況是否正常、骨骼關節等外觀是否有異常之處，例如鼻水、口水過多、眼睛

分泌物、歪頭、甩耳、耳朵發臭、呼吸急促、身體表面不明腫塊、走路姿勢怪異等等。當發現異狀時，美容師會立即告知飼主，並記錄在美容同意書上。

飼主的告知責任

寵物如果有特殊需注意的地方，也應該主動告知美容師，千萬不要隱匿，例如懷孕、會咬人、不能進烘箱、高齡、有心臟病或最近有開刀等等。經飼主告知後，美容師在美容的過程中一定會特別留心。

美容完成接回時，最好也當面和寵物美容師確認寵物有無異狀，如有異狀，經美容師解說後，應該立即就醫時，千萬不要拖延，避免耽誤病情。

寵物店不會告訴您的祕密

送寵物去洗澡、美容或住宿，應該是一件令寵物愉快的事情，飼主不要因為忙碌就疏忽了檢查與叮嚀。積極主動詢問交代，就可以避免不必要的消費糾紛。如果送貓咪去洗澡，經判斷須麻醉後才能服務時，務必簽名同意並確認有合格獸醫師執行麻醉，因為麻醉有一定的風險喔。

38

夏天很熱，
狗狗適合把毛剃光嗎？

夏天到了！很多飼主會將毛小孩的毛剃光，認為將毛剃光後有助排汗。但是，狗狗的皮膚並沒有汗腺，他們不會靠流汗來散熱，他們是透過呼吸、舌頭和腳掌來散熱，因此把毛剃光光並不會比較涼爽。

狗狗的被毛構造

狗狗的被毛是他的保護層，身體與毛髮有天生的防熱、抗冷機制，身體其實是在恆溫狀態。把被毛剃光了，皮膚會直接受到紫外線的照射而曬傷，也更容易被蚊子叮咬，增加感染心絲蟲的機會。

寵物店不會告訴您的祕密

度過炎熱夏天的祕密武器是梳子！沒錯，就是梳子。

在夏天及換季時期適時的幫狗狗梳毛，可以帶走被毛中不必要的廢毛，空氣就可以在毛層中流動循環。夏季時飼主須提供通風的散熱環境與充足的飲水，狗狗就會感覺比較舒適囉。

39

 狗狗一定要刷牙嗎？

　　您知道嗎？狗狗也會有牙結石、蛀牙、口臭等各種口腔問題，因此幫狗狗刷牙是身為好主人應該做的功課。

　　但是如何做好這項口腔清潔的任務呢？絕對要從養成狗狗正確的刷牙觀念開始。

刷牙訓練的步驟

　　第一週：讓寵物接近牙刷，只要願意嗅聞就給零食獎勵。循序漸進的用牙刷靠近口部，再給一次獎賞。

　　第二週：開始試著用牙膏沾上牙刷，讓狗狗舔食，不急著刷牙，只是讓狗狗習慣牙刷這個物品及牙膏的味道。

　　第三週：可進行到實際的試探性演練，用牙刷輕刷口腔、牙齒，如果不抗拒就繼續完成後給一個獎勵。嚴重抗議就退回上一步。

　　第四週：可開始正式幫狗刷牙，但是步驟依舊是看狗狗的意願，當

狗狗願意就給予獎勵，如果反抗就退回上一步，上一步不行再退回上一步。要讓狗狗了解刷牙是快樂開心的事情，只要他不願意就不會勉強，但是願意就有獎賞。

寵物店不會告訴您的祕密

　　寵物也有專屬的潔牙用品，建議選擇寵物專用牙刷，或是購買指頭牙刷也可以。人用牙刷的柄太長，可能誤傷寵物，應該避免使用。

　　牙膏也建議購買寵物專用牙膏，專用牙膏有寵物喜歡的味道，會讓狗狗很愛聞或舔，更能幫助正向訓練。經常幫寵物刷牙，可以維持寵物的口腔健康，也能藉由刷牙的訓練互動，增進彼此之間的感情喔。

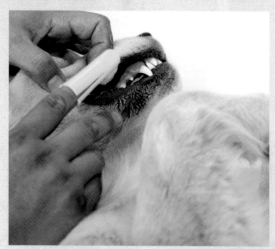

40

寵物可以按摩嗎？
有什麼好處？

幫寵物按摩，除了可以促進血液循環、放鬆肌肉與焦慮不安的心情，還可以和寵物互動，增進彼此的情感交流。

這裡介紹三種最常見的按摩方式，飼主可以嘗試學習，找到最適合您跟寵物的幸福相處之道。

T-touch 按摩法

這是一種透過愛撫的按摩互動方式，在寵物身上不同部位以1又3/4圈畫圓的方式進行安撫按摩，有些寵物訓練師會以此按摩手法來安定寵物，借此消除寵物的緊張焦慮，讓狗狗達到放鬆的效果。

穴道經絡按摩法

從中醫延伸轉換而來，所以又稱中獸醫或東洋醫學，將身體與自然融合成一體，以整體調和為主，講究陰陽五行、氣、血、津液及五臟六腑的平衡，在特定的經絡穴位藉由輕撫、揉捏、指壓和拉提等手法，協助改善寵物身體不適的狀況，並維持寵物的健康與活力。

寵物的穴道經絡按摩，可以改善寵物的相關疾病症狀，是時下較多人學習的按摩手法，也是許多飼主與寵物從業人員都認同的一種按摩技巧。

復健式按摩法

在國外最早是運用於馬匹身上的一種技法，以關節運動的牽引、旋扭、水療等等方式來促進筋骨活絡與放鬆肌肉。復健式按摩法常運用在手術後的寵物或是行動不變、四肢萎縮的高齡寵物身上。有些是讓寵物穿著救生衣，搭配水療機讓寵物在水中慢慢擺動四肢，或是讓寵物趴在瑜珈球上，練習爬行減低四肢負擔。

寵物店不會告訴您的祕密

寵物常待在狹小的籠子一整天，四肢經常處於無法伸展緊繃的狀態，又因為狗狗或貓咪是淺眠型的動物，心理狀態經常處於焦慮不安，因此每天幫寵物按摩，可以有效的放鬆寵物緊繃的肌肉與焦慮不安的心情。

許多飼主在疾病治療時，也會選擇中獸醫，透過針灸、電療、按摩等等療法來治療疾病以及保健。

若是在家想自行幫毛孩子按摩，可以參考由日本寵物按摩協會理事長，石野孝獸醫師所編寫的《治癒你，治癒牠 貓咪經穴按摩》以及《狗的經穴按摩》，有完整的寵物經脈圖像介紹，同時也有按摩手法講解，每天只要五分鐘就能維護毛孩子的健康，並能藉由按摩撫摸培養彼此間的感情。

41

狗狗適合染毛嗎？

　　染髮對人類來說是很稀鬆平常的事，而寵物染毛的風潮在國外也已興盛數年，但是最為爭議的是幫狗狗染毛是否會對他的身體造成傷害？

寵物染毛的狀況

　　其實到目前為止，還沒有太多的案例證實寵物染毛對健康會造成影響，但飼主若是真的非常想幫狗狗換造型，建議選擇天然染劑及專業的美容師為考量，才能讓狗狗染出適合自己又健康時髦的毛色。

寵物染毛的注意事項

　　寵物染毛通常分為恆久染及噴色染兩種，恆久染的顏色可維持一至三個月，染色部位會隨著毛小孩的毛髮生長而逐漸變淡。至於以食用色素為基底的噴色染，可以快速改變被毛顏色，只要用水輕輕一沖就會褪色了。

　　因為人與毛小孩的皮膚酸鹼值不相同，帶狗狗染毛一定要找有合格執照的寵物美容店，選擇狗狗專用的天然染劑並與專業的寵物美容師溝通，有了合格的染劑和熟練美容師的技術，就不用擔心狗狗因舔毛而吃進藥劑或染色後引起皮膚疾病。

寵物店不會告訴您的祕密

　　雖然沒有案例可以證明寵物染毛的問題，但是國外還是有動物保護團體認為，將寵物染色只是順應主人的喜好完全沒有顧及寵物感受，也沒有尊重動物本身意願，與虐待動物無異。

　　還是要呼籲飼主，為寵物美容時，應以動物福利為優先考量，以洗澡、修剪毛髮、清潔耳朵等，這些讓寵物感到舒適的寵物美容為基本護理考量。

Chapter 5
寵物生活與行為的祕密

42

寵物可以搭乘公共交通工具嗎？

外出想帶著寵物一起嗎？想玩的盡興就必須先了解每種大眾交通工具針對寵物運輸的規定，以下是我們幫您整理了在臺灣各類大眾交通工具的規定：

● **臺北捷運—攜帶寵物乘車限制**

攜帶動物進入站區或車輛內，應裝於寵物箱、小籠或小容器內，且包裝完固，無糞便、液體漏出之虞，動物之頭、尾及四肢均不得露出，每一位購票旅客以攜帶一件為限，尺寸不得超過長55公分、寬45公分、高40公分。但警察人員攜帶之警犬、視覺功能障礙者由合格導盲犬陪同或導盲犬專業訓練人員於執行訓練時帶同導盲幼犬，不在此限。

● **高雄捷運—攜帶動物乘車限制**

有關攜帶寵物之規定，為除了警犬、導盲犬、裝於寵物箱（袋）或鳥籠之動物且頭、尾及四肢均無外露且無影響他人外，其餘一律不得進入站體。

● 高鐵 —攜帶寵物乘車限制

高鐵範圍內（車站及列車），原則上不得攜帶動物進入，旅客若有攜帶犬、貓、龜、兔、魚蝦類，或經本公司同意之其他不妨害公共安全、公共衛生與公共安寧，無異味之動物，且完固包裝於長、寬、高尺寸小於55公分、45公分、38公分之容器內，無糞便、液體漏出之虞者。乘車期間旅客除不得將動物放出容器外，並需置放於本身座位前方自行照料。（執行任務之警犬、導盲犬或由專業人員（訓練師）陪同之導盲幼犬不在此限）

● 臺鐵 —攜帶寵物乘車限制

全線各級列車：旅客攜帶貓、狗、兔、魚蝦類等寵物裝入長43公分、寬32公分、高31公分以下之寵物箱、袋內，且包裝完固、無糞便漏出之虞，放置於座位下者不在此限。其餘毒蛇猛獸等有危害旅客之虞者，均不得攜帶上車。如超過尺寸請另以託運方式運送。為免禽流感疫情蔓延，禁止旅客攜帶鳥類上車，請以行包專車託運方式辦理。警犬、視障者隨身攜帶之導盲犬、專業訓練人員執行訓練時所帶同之導盲幼犬不受限制。

● 臺北公車—攜帶寵物乘車限制

乘客搭乘公車時，可以攜帶非鳥禽類之寵物，惟需自備籠、簍、網盛裝，每位乘客以攜帶一件且體積不超過27立方公寸為限。攜帶之小動物，應就近置放身邊妥慎照顧，不得放置於座位或行李架或車廂通道；盛裝小動物之籠、簍、網，須加防水膠布包紮，並隨時清除其排泄物，以免妨害公共衛生。另為防制禽流感疫情，禁止乘客攜帶鳥禽類動物乘車。但視障者攜帶之導盲犬不在此限。

● 國光客運

　　旅客攜帶小動物，須自備籠、簍、網盛裝，每位購票旅客以攜帶一件且其體積以不超過27立方公寸為限。旅客攜帶之小動物，應就近置放身邊妥慎照顧，不得置放於座位或行李架上或車廂通道；盛裝小動物之籠、簍、網，須加防水膠布包紮，並隨時清除其排洩物，以免妨害公共衛生。為維視障者搭乘公共交通工具之基本權益，不得拒絕視障者攜帶導盲犬，且導盲犬不予收費。

● 統聯客運

　　寵物必須以堅固箱籠將之安置，且途中不得將寵物抱出來。寵物票為100元且不佔座位，置於不影響其他乘客乘坐或通行位置。為維視障者搭乘公共交通工具之基本權益，不得拒絕視障者攜帶導盲犬，且導盲犬不予收費。

● 和欣客運

　　乘客若欲攜帶寵物上車請自備「寵物專用籃（箱，袋）」且須能完整包覆寵物並完全關閉，並於購票時告知售票人員。攜帶寵物的旅客請乘坐駕駛座旁的座位，並將寵物放入寵物籃內並置於前門上車處的地板上，乘車過程中請勿將寵物放出，以維護行車安全。「寵物籃」大小依前門上車處的地板空間能容納為限，其長寬高尺寸約為45X36X45cm。導盲犬為法令通過唯一可以合法乘車工作犬。

● 阿羅哈客運

　　旅客攜帶小動物，須自備籠，簍，網盛裝，每位購票旅客以攜帶一件且其體積以不超過27立方公寸為限。旅客攜帶之小動物，應妥慎照顧，不得放置於座位或行李架上或車廂通道，盛裝小動物之籠簍網，須

加防水膠布包紮，以免其排洩物外漏，妨害公共衛生。為維視障者搭乘公共交通工具之基本權益，不得拒絕視障者攜帶導盲犬。

寵物店不會告訴您的祕密

　　飼主在寵物店購買外出籠、提包、背包或寵物推車時，一定要參考常使用的大眾交通工具所規範的攜帶規定，才不會因為買錯，導致每次都得和站務人員拜託通融了。

　　出門旅遊也要顧及寵物的心情，做好讓寵物出門的心理建設，讓寵物出門覺得開心快樂，可以準備他們喜歡的零食也可減少壓力感轉移寵物的注意力，別忘了帶上他們習慣的食碗、水碗和睡墊，讓他們有熟悉如同家裡的味道，只要多訓練幾次，帶寵物出門這件事情就不會慌張不安，飼主和寵物都會有一個愉快的旅程囉。

　　我們也要提醒飼主，搭乘交通工具時請務必要遵守各交通工具制定的規範。網路上曾經有飼主擅自在交通工具上放出毛小孩並打卡上傳，許多飼主因為看到照片，跟著在交通工具上放出毛小孩，造成其他乘客困擾，也影響交通安全。在毛小孩的交通上，交通公司都會儘量提供飼主方便，也請飼主們給予交通公司以及其他乘客尊重，不要因為自己一時的任性，造成彼此間的摩擦，最終影響到整個毛小孩通勤族群，反而得不償失。

43

狗狗穿衣服的利弊
分析及建議？

在主人充滿著愉悅的心情為毛小孩穿上衣服的同時，是否有想過衣服的材質？該挑哪種尺寸？應該在什麼季節穿？每隻狗狗都適合穿嗎？我們在此歸納了一些幫狗狗挑衣服的要點，並掌握在適當的時候保護狗狗的方式。

夏天要注意透氣

夏天當狗狗長時間外出散步時，為了避免狗狗的皮膚直接被太陽曝曬，可以挑選輕薄透氣的衣服避免曬傷。

冬天要注意保暖

當天氣變冷或是家中習慣開空調，為了避免讓狗狗的肚子吹到冷風，就可以幫狗狗挑選保暖柔軟的衣服。

換毛期間也可以穿

換毛期間是可以幫狗狗穿衣服，但要記得勤加幫狗狗梳毛，保持被毛的透氣，也避免毛髮糾結。

純棉材質最舒適

挑選寵物衣服時，盡量選用純棉的材質，柔軟舒適讓狗狗穿上後行動依然自如。

有皮膚病時不建議穿

有些狗狗有皮膚方面的疾病，一穿上衣服就就容易癢，有時會癢到把衣服咬壞，這時候飼主就要觀察是否是因為衣服的材質不適合而引起的皮膚病，如果情形嚴重請立即幫狗狗脫掉衣服並盡快就醫。

寵物店不會告訴您的祕密

幫狗狗穿衣服不是為了滿足飼主的虛榮心，更應該要了解狗狗穿衣服時生理及心理的變化。因為狗狗本來就有保護自己的被毛，會因為季節的替換做換毛的調整，以維持身體恆溫的功能。幫狗狗穿衣服請記得要適時脫下，並細心觀察寵物反應，避免毛髮悶住造成的皮膚病。

44

項圈、胸背帶和牽繩要怎麼選？

項圈及牽繩是養狗不可缺少的重要工具，當您帶狗狗出門散步的時候，您永遠無法預期會遇到哪些狀況，狗狗有時候會被突來的汽車喇叭或鞭炮嚇到，有時候會被其他大狗挑釁而驚嚇到，有時候會被某

些有趣的事物吸引，當遇到突發狀況，狗狗瞬間感到驚慌害怕時會拔腿狂奔，主人通常來不及反應，叫都叫不回來，嚴重的時候可能在驚慌中發生無法挽救的意外，傷害到自身的安全，甚至危害到其他人車的安危，因此飼主應該準備不只一套項圈、胸背帶及牽繩。

挑選項圈

項圈的材質有布料、皮革、尼龍及鐵製等等，請在斟酌狗狗的體型大小後，盡量選擇舒適的材質。項圈不能繫的太緊，繫得太緊會讓狗狗呼吸不暢，影響血液循環，可以選擇稍微寬一點點的項圈，這樣在拉扯的時候比較不容易勒疼狗狗。如果您飼養的是大型犬的話，因為拉扯的力道會大一些，建議選擇皮革的會較適合。

若是在雨天散步，當項圈淋濕後，也要記得幫狗狗換下來，才不會造成皮膚過敏。

有一種雙扣環設計的特殊項圈，俗稱P字鍊，當其中的一個扣環被拉起時，會瞬間縮小項圈勒住寵物的脖子，使其不舒服防止暴衝，但因為較不人道所以不建議購買。

項圈都會有一些細孔和褶皺，時間久了裡面藏汙納垢，需定期清洗消毒，避免讓狗狗的皮膚感染細菌。

挑選胸背帶

胸背帶主要有「H型胸背帶」和「胸扣式胸背帶」幾種款式，是較項圈舒服的用品，包覆式良好的胸背帶還會讓寵物產生安全感，大型狗或是容易暴衝的狗狗建議使用「胸扣式胸背帶」，可以牽制狗狗身體的轉向，比較好避免狗狗暴衝。

挑選牽繩
....

　　牽繩通常有固定長度和伸縮式的兩種，選擇時要評估狗狗的大小與力道，過長或過短都不適合，大狗或容易暴衝的狗狗就不能選擇細小的牽繩。帶狗狗出門前，記得要做檢查，牽繩完好牢固才不易被扯斷。出門散步也要注意避免過長的牽繩絆倒幼童或高齡長者，造成不可預期的傷害。

寵物店不會告訴您的祕密

　　項圈或胸背帶加上牽繩又稱為生命線，可以牢牢的保護您的毛小孩，當遇到緊急狀況時也可以適當控制並好好安撫，讓寶貝的情緒立刻恢復平靜。如果飼主是開車帶寵物外出，一定要繫好牽繩後再開車門，避免一開車門寵物就衝下車，造成受傷或驚嚇其他車輛造成車禍。

　　除了上述的預防措施之外，建議主人可以經常和狗狗練習散步，讓狗狗習慣陪在主人身邊腳側隨行而感到安定感，就不容易經常受驚而暴衝了。

45

寵物及寵物飼主有哪些課程是建議要學習的？

　　飼主和寵物之間，可以說是如同家人一般的親密，但如何拿捏親密卻不踰矩，確實需要一些專業的課程，透過專業講師的教授來輔助，才能讓寵物在家裡或是在外面的都能擁有快樂自在的生活圈，以下我們將針對不同飼主需要帶寵物一起進行的課程做出歸納和分析：

必修課程	選修課程	通識課程
寵物行為訓練課程 寵物疾病介紹與居家照護	寵物芳香療法 寵物按摩 寵物洗澡美容 寵物鮮食 寵物營養學 寵物心理學	毛小孩手工皂 寵物CPR 肉球診斷 寵物攝影 動物保護與福利

寵物店不會告訴您的祕密

　　目前全臺灣各地都有寵物課程開辦，而且也愈開愈多，更有證照班可以考取，只要上網都可以找到。很建議飼主們多多參與這些課程，提升自己的專業知識，同時也能認識更多狗友貓友，共同分享寵物生活的快樂故事。

46

怎麼抱狗狗最舒服？

在寵物的中醫學認為，寵物的身體與皮膚是很重要的，因為身體上有多種穴位，藉由正確的撫摸與擁抱能提供寵物安定的感覺。此外，在帶狗狗出門時，當發生緊急事情時，快速將狗狗抱起來能避免很多意外發生，帶狗狗看醫生時，藉由專業的「保定」（保護與固定）抱法，也能安撫寵物情緒，方便醫師看診，因此正確的抱法是很重要的喔。

小型狗的抱法

抱小型狗時要用水平抱法，一隻手從狗狗的後腿穿過，讓狗狗臀部安穩的坐在手臂上，另一隻手則讓狗狗的雙手搭在您的前臂上，這樣會讓他感到安穩妥當。

中型狗的抱法

先彎曲一隻手臂，讓狗狗坐在手臂上，再用另一隻手臂將狗狗環抱住，讓狗狗有被包覆保護的感覺。

大型狗的抱法

要抱起大狗時，需先將四肢抱緊並靠攏在您身上，再雙手同時抱起狗狗的前後腳，同時托高狗狗的臀部。

臘腸狗、科基、米格魯的抱法

這三種狗狗容易有脊椎的毛病，因此要特別注意抱狗的姿勢，先將手放在臘腸的胸部和肚子下方，用整個手臂來支撐他的身體，借此減輕他的的脊椎重量，再用另一隻手從臀部環抱他，並輕拍安撫。

寵物店不會告訴您的祕密

擁抱是表達愛意最好的方式，狗狗非常喜愛主人抱抱，抱對了皆大歡喜，抱錯了可是會影響狗狗的日常，脫臼或是拉傷的情形時有所聞。

只要姿勢正確，狗狗身體自然會柔軟放鬆，飼主可以此作為準則慢慢調整，找出狗狗最愛的擁抱姿勢。

47

怎麼抱貓咪最舒服？

　　相對於狗狗，貓咪比較不太願意被擁抱，但同樣是為了避免意外臨時發生，也方便快速移動避難，循序漸進讓貓咪願意被人抱起來的訓練是不可少的，在此提供各位飼主訓練的參考。

1. 從撫摸開始

　　撫摸可以讓貓咪放鬆戒心，讓貓咪感到放鬆後再抱他才不會招受抗拒。

2. 抬起上半身

　　慢慢的將貓咪上半身抬起，一手握住兩隻前腳根部，食指放在兩腳間穩定住。

3. 撐住下半身

　　撐住下半身，另一隻手托住貓咪的臀部，讓貓咪可以找到支撐點，動作務必要

輕柔緩慢，貓咪才不會反抗。

4. 緊貼著您，讓貓覺得安穩

再將貓咪轉向貼近您的身體，這時候仍然保持一手夾住前腳、一手托住臀部撐住後腳位置。

5. 注意避開敏感位置

注意不要觸碰到貓咪敏感的地方，例如尾巴和腹部。當貓咪的尾巴不停左右甩時，那是他表達不舒服的訊號，請立刻將他放下。

寵物店不會告訴您的祕密

抱貓咪和抱狗狗不大一樣，如果飼主是從幼貓開始飼養，建議從小就要養成擁抱他的習慣，以後長大後就不會那麼排斥。也可以用零食引誘正向引導的方式，灌輸貓咪抱抱就有好東西吃的直覺反應，效果也很不錯。

48

與寵物互動的「祕密法則」！

1. 帶狗狗出門讓他自由奔跑最好 （ X ）

自由放任易養成隨便不聽話，難以馴服的狀況。

飼主遛狗時請一定要繫上狗鍊或牽繩以防暴衝到車道上，造成寵物或車輛的危險。平常讓狗狗練習跟在主人身邊才不易走丟，飼主也應該養成公共空間的禮儀，隨手清理狗狗的排泄物，維護環境的清潔衛生。

2. 只給狗狗一個玩具 （ X ）

每一位飼主應該要給寵物至少三個玩具，而這三個玩具的用處用途大不同。

第一個玩具是他的心肝寶貝，如布玩偶類的玩具，寵物會陪它一起睡覺，黏滴滴地保護它；第二個玩具是飼主可以跟寵物互動拋接的玩具，如球類或甩咬的玩具，可以在拋接的過程中產生友誼；第三個玩具是打發他無聊的玩具，主人外出上班時可以放零食在這類的玩具中，讓寵物學習尋找並激勵他，有點類似尋寶的遊戲，難度可以慢慢調整，從容易讓他稍微滾動就可以吃到零食、進步到要尋找一下、最後進階到要認真動一下腦筋才吃得到零食。

3. 寵物自己會理毛，平常不用再幫寵物梳毛 （ X ）

幫寵物梳毛是必須的，無論是狗狗還是貓咪，梳毛可以增進感情也可促進血液循環幫助放鬆，還可以剔除廢毛促進散熱。大部分的貓咪都不愛梳毛，這裡有個小訣竅，可以用汰換下來的牙刷反覆輕刷貓咪的頸

椎和尾椎的部分，刷毛的感覺類似貓媽媽用舌頭舔舐小貓時的舉動，可以快速的讓貓咪回想到媽媽的母愛，也更願意讓飼主梳毛囉。

4. 寵物吠叫的時候立即斥喝他 （ X ）

寵物的情緒會跟著飼主的反應表現，如果寵物做了什麼時主人給他的回饋，會讓他誤以為是正向的鼓勵，例如狗狗因為有客人來而在門口吠叫，您就斥喝他，所以狗狗誤以為吠叫會得主人口頭上的鼓勵，所以就會出現您拼命斥喝狗狗就越叫越開心的狀況。

5. 寵物不會緊張，不需要放鬆 （ X ）

寵物容易緊張的情緒每天都隨著家庭中成員的喜怒哀樂而牽動著，因此每天都緊繃著神經，肌肉就特別僵硬，平常可試著幫寵物按摩，並透過不同的方式及穴道來著手，幫助他放鬆也可以促進血液循環，變得健康，也在無形之中建立彼此的親密關係。

6. 帶狗狗散步不准他亂聞 （ X ）

其實嗅聞對狗狗來說是一種交際應酬，嗅聞的行為可是比散步更花體力呢。

在嗅聞其他狗狗的過程中也是一種建立友好關係的方式，讓狗狗懂得交朋友，反而對身心健康很有幫助；而嗅聞環境則是一種快速熟悉某個地方建立安全感的方法，因此不要去阻止狗狗嗅聞的舉動。

7. 寵物睡覺時也會逗他玩 （ X ）

寵物一天至少需要睡上十四個小時，感官靈敏的他們很淺眠，所以一定要給寵物很充分的睡眠時間和空間，當您經過他正在睡覺時，也千萬不要打擾他。可以選擇一處安靜且光線不會太明亮的地方，幫寶貝準

備一個舒服的狗窩或貓窩，讓狗狗習慣在他的專屬臥室裡睡覺，這樣他會有十足的安全感也不會緊張了

8. 寵物隨地大小便就生氣或逼寵物去聞 （ X ）

飼主每天至少要讓狗狗出去大小便兩三次，或者訓練狗狗在家裡固定的地方大小便，透過行為訓練以及激勵的方式讓狗狗安心的上廁所才是根本之道。寵物隨地大小便就生氣或逼寵物去聞的做法會讓寵物覺得焦躁，反而讓他們害怕到會吃便便來毀滅證據的情況發生。

9. 養寵物關籠子最方便 （ X ）

對寵物而言最理想的生活環境是將睡覺、吃飯、大小便三個地方分開，從小訓練得當可以讓寵物知道什麼該在地方做什麼事，不僅生活禮儀管教良好，居家環境也能保持清潔。

寵物店不會告訴您的祕密

全家人要有教養寵物狗狗的共識，不一樣的教養方式會讓寵物錯亂甚至產生焦慮，因此，不要一昧的寵愛或是胡亂斥責，要學習如何和寵物互動。

因此我們鼓勵飼主帶狗狗去上寵物行為訓練課，透過專業的行為課程來幫助狗狗建立社會化的信心，也可導正主人教養上的觀念。

49

寵物走失時怎麼辦？

　　失蹤的寵物要如何尋找呢？

　　寵物移動的軌跡跟人不一樣，腳程只要半天就能離開十公里，要尋找他們真的不容易。

　　如果哪一天心愛的寶貝走丟了，請飼主一定要冷靜下來，使用這些訣竅來找到您的心愛寶貝。

● 收容所尋找

　　首先，到各地的動保處收容所尋找，詢問是否有相似模樣的寵物被捕獲或好心民眾撿到送來收容所？還有到警察局詢問是否有與寵物有關的交通意外發生以及記錄。如果沒有消息就留下寵物的相片及相關資料與聯絡方式，讓他們一有消息就能在第一時間連絡飼主。

● 製作寵物協尋海報

　　海報中放上清楚的寵物照片、品種、花色、特徵、名字、走失日期及飼主連絡方式，可以適當提供協尋賞金，在住家附近經得同意後張貼於動物醫院、寵物用品店或人潮較多的店家。

● 使用網路媒體

　　自己的FB臉書、寵物相關社群、粉絲團、協尋區、PTT寵物論壇及LINE群等都可以徵求同意後PO出協尋資訊，增加找到寵物的機會。

● 監視器搜尋

　　仔細思考常常帶寵物去的地方，與猜想寵物可能會去的地點，從遺失點逐一徵求店家同意後調閱附近的監視器，可以找到寵物經過或是被第三人強行抱走的證據。

● 找到寵物之後

　　找到寵物後，建議先請獸醫師徹底做一遍全身檢查，確定是否有外傷、感染寄生蟲等狀況，並施打相關疫苗。若是未結紮的寵物也要注意是否有受孕，如果受孕就要請飼主做好孕中的健康照護。完成了以上健康檢查，最後再幫寵物好好洗個澡清潔放鬆一下，安撫毛小孩焦慮緊張的心情。

寵物店不會告訴您的祕密

　　無論飼主有無寵物走失的經驗，飼養寵物的居家安全一定要特別注意，各個對外的門與窗都需安裝防護柵欄，在家別忘了隨手關門。出外遛狗務必繫上狗鏈或牽引繩，並隨時注意寵物狀況，降低寵物走失的機會。

　　同時也建議飼主務必依照法令規定幫寵物植入晶片，一但有民眾拾獲送至動物醫院或收容所，就能立即掃描得知飼主資訊，立即通知飼主領回。

50

如何避免寵物在家受傷

　　俗話説「最危險的地方就是最安全的地方」，這句話倒過來説也是一樣。家中有很多潛在的危險場所與物品，常常飼主一不注意，遺憾就隨之發生。

　　在此簡單整理常見的居家安全注意事項，提供給飼主們做為參考。

● 櫥櫃收納要加蓋

　　一般飼主為了避免寵物養成隨處翻箱倒櫃的壞習慣，會將食物放在櫥櫃避免寵物偷吃，但個性好動又愛吃的毛孩子就會想盡辦法跳躍或爬上櫥櫃，反而容易從高處墜落受傷，或造成櫥櫃翻倒壓傷。建議將食物放在寵物跳不到的高櫃或是有門片的櫥櫃，垃圾桶也建議要加蓋。

● 電線插頭要防護

　　有些毛小孩喜愛咬電線，容易造成寵物傷害，也有電線走火的危險，建議裝潢時盡量隱藏電線，或是電線隨時收納整齊，藏放在家具的後方較為安全。

● 刀刃藥物要收好

　　翻找是寵物的天性，如果不小心啃咬到尖銳的刀刃，容易造成寵物受傷，或是飼主的感冒藥物隨手放置，也會因為寵物好奇誤食而造成藥物中毒。平時一定要將刀刃及藥物等危險物品，放在寵物不容易打開的

收納櫃中。

● 居家地板要防滑

　　現在居家裝潢大量使用拋光石英磚或大理石，雖然容易清潔，也容易讓寵物打滑跌倒。住透天厝的飼主須注意樓梯與臺階，建議加裝柵門或黏貼止滑條，可防止寵物行走時不慎跌倒或墜落而受傷。

寵物店不會告訴您的祕密

　　除了改變收納的習慣外，家中有很多空間也容易造成寵物意外的發生，舉凡廚房、浴室、車庫、靠窗的書架等，都有可能讓愛玩好奇，四處探索的寵物們在無意間發生意外。

　　貓咪掉進洗衣機或是狗狗被廚房的熱水燙到都時有所聞，而且貓咪墜樓的事件數是超乎想像的多，因此隨手帶上危險房間的門窗、關掉不用的電器、對外窗戶用鐵架擋起來，都是避免發生意外的好方法。多一分用心，就多一分安心。

後　序

- -

　　感謝閱讀到最後的你。將自序放在書末，是希望能在最後，和各位聊聊這本書出版的初衷。

　　從事寵物行業經營管理與教育訓練多年，我發現書局架上教育飼主如何飼養寵物的書籍很多，但大多侷限在飼養與行為方面的知識與觀念。在多年培訓寵物店主及從業人員的經歷中，我想要找一本既能當作教育員工的基礎教材，又能教導飼主相關飼養觀念與規定的工具書，則幾乎沒有，因此才萌生了寫這本書的想法。

　　我開始構思飼主來到寵物店最常問的問題有哪些？另一個角度是寵物店員工必須得了解哪些基礎知識，才不會讓飼主問倒？於是這本書的雛型就出來了。

　　這本書整理出許多飼主與寵物店之間買與賣之間的盲區，有很多專業知識寵物店長或許知道，但飼主並不明白，甚至有些是寵物店和飼主都不清楚的祕密。當出版社知道我想要編寫這個主題的出版品的想法時，在還沒有看到完整的文稿時，也會擔心書籍內容會不會太過爆料，而招致寵物店的抗議，當我說明架構並交出文稿後，出版社反而覺得太過溫和不夠麻辣。

　　這本書是一本兼具教育飼主面對寵物店長時，該如何找答案，而寵物店的從業人員也能有相對應知識來服務飼主的教育素材。

　　期望藉由出版此書，能對飼主對寵物店雙方都有所幫助。

梅國華

有良心的寵物店長想告訴你的50個祕密：從醫療
、飼養到送終，寵物飼主應該學會的重要知識
/梅國華著. -- 初版. -- 臺中市：晨星，2017.09

面；　公分. -- (寵物館；51)

ISBN 978-986-443-299-8(平裝)

1.寵物飼養

437.111　　　　　　　　　　　　　106011749

寵物館 51

有良心的寵物店長想告訴你的 50 個祕密：
從醫療、飼養到送終，寵物飼主應該學會的重要知識

作者	梅 國 華
主編	李 俊 翰
美術編輯	王 志 峯
封面設計	耶 麗 米 工 作 室
創辦人	陳銘民
發行所	晨星出版有限公司
	臺中市工業區30路1號
	TEL：（04）23595820　FAX：（04）23597123
	E-mail:service@morningstar.com.tw
	http://www.morningstar.com.tw
	行政院新聞局局版台業字第2500號
法律顧問	陳思成律師
初版	西元 2017 年 9 月 1 日
郵政劃撥	22326758（晨星出版有限公司）
讀者服務專線	04-23595819#230
印刷	啟呈印刷股份有限公司

定價 250 元

ISBN 978-986-443-299-8

Printed in Taiwan

◆讀者回函卡◆

以下資料或許太過繁瑣，但卻是我們了解您的唯一途徑
誠摯期待能與您在下一本書中相逢，讓我們一起從閱讀中尋找樂趣吧！

姓名：＿＿＿＿＿＿＿＿　　性別：□ 男　□ 女　　生日：　　／　　／

教育程度：＿＿＿＿＿＿＿

職業：□ 學生　　　　□ 教師　　　　□ 內勤職員　　□ 家庭主婦
　　　□ SOHO 族　　□ 企業主管　　□ 服務業　　　□ 製造業
　　　□ 醫藥護理　　□ 軍警　　　　□ 資訊業　　　□ 銷售業務
　　　□ 其他＿＿＿＿＿＿＿＿＿＿＿

E-mail：＿＿＿＿＿＿＿＿＿＿＿＿＿　　聯絡電話：＿＿＿＿＿＿＿＿＿

聯絡地址：□□□＿＿＿＿＿＿＿＿＿＿＿＿＿＿＿＿＿＿＿＿＿＿＿

購買書名：有良心的寵物店長想告訴你的 50 個祕密

・本書中最吸引您的是哪一篇文章或哪一段話呢？＿＿＿＿＿＿＿＿＿＿

・誘使您購買此書的原因？

□ 於 ＿＿＿＿＿ 書店尋找新知時　□ 看 ＿＿＿＿＿ 報時瞄到　□ 受海報或文案吸引
□ 翻閱 ＿＿＿＿＿ 雜誌時　□ 親朋好友拍胸脯保證　□ ＿＿＿＿＿ 電台 DJ 熱情推薦
□ 其他編輯萬萬想不到的過程：＿＿＿＿＿＿＿＿＿＿＿＿＿＿＿＿＿

・**對於本書的評分？**（請填代號：1. 很滿意 2. OK 啦！ 3. 尚可 4. 需改進）

封面設計 ＿＿＿＿＿　版面編排 ＿＿＿＿＿　內容 ＿＿＿＿＿　文／譯筆 ＿＿＿＿＿

・**美好的事物、聲音或影像都很吸引人，但究竟是怎樣的書最能吸引您呢？**

□ 價格殺紅眼的書　□ 內容符合需求　□ 贈品大碗又滿意　□ 我誓死效忠此作者
□ 晨星出版，必屬佳作！　□ 千里相逢，即是有緣　□ 其他原因，請務必告訴我們！

＿＿＿＿＿＿＿＿＿＿＿＿＿＿＿＿＿＿＿＿＿＿＿＿＿＿＿＿＿＿＿＿＿

・**您與眾不同的閱讀品味，也請務必與我們分享：**

□ 哲學　　　□ 心理學　　□ 宗教　　　□ 自然生態　□ 流行趨勢　□ 醫療保健
□ 財經企管　□ 史地　　　□ 傳記　　　□ 文學　　　□ 散文　　　□ 原住民
□ 小說　　　□ 親子叢書　□ 休閒旅遊　□ 其他 ＿＿＿＿＿＿＿＿＿＿＿

以上問題想必耗去您不少心力，為免這份心血白費

請務必將此回函郵寄回本社，或傳真至（04）2355-0581，感謝！

若行有餘力，也請不吝賜教，好讓我們可以出版更多更好的書！

・**其他意見：**

請填妥後對折裝訂，直接投郵即可，免貼郵票。

407
臺中市工業區30路1號

晨星出版有限公司
寵物館

請沿虛線摺下裝訂，謝謝！